EDITORIAL

Liebe Leserinnen und Leser,

kaum eine Vogelgruppe sorgt für so gegensätzliche Reaktionen wie Tauben. Für viele sind sie ein Symbol des Friedens, der Freiheit und der Treue, für andere schlicht Plagegeister oder „Ratten der Lüfte". An ihnen scheiden sich selbst in Ornithologenkreisen die Geister und erhitzen an Stammtischen die Gemüter.

Und das, obwohl Tauben auf eine erstaunlich wechselvolle Geschichte in Menschennähe zurückblicken: In der Antike verehrt und den Göttern geweiht, im Mittelalter hochgeschätzt als Bote und Nahrungsquelle, aber heute oft zum ungeliebten Begleiter des urbanen Lebens degradiert. Die Vielfalt der Tauben bleibt dahinter meist ungesehen zurück. Unser Blick auf Tauben sagt dabei oft mehr über uns selbst aus als über die Tiere. Vielleicht haben auch Sie schon erlebt, wie leicht es ist, eine Stadttaube zu übersehen – obwohl sie mit ihrem Gurren und Flattern den Klangteppich der Städte weltweit prägen.

Doch so robust und allgegenwärtig sie scheinen, so verletzlich sind sie in Wahrheit. Stadttauben leiden unter Krankheiten und Nahrungsmangel, während ihre wilden Verwandten – zum Beispiel Turtel- oder Hohltauben – mit dem Verlust naturnaher Lebensräume und anhaltender Verfolgung kämpfen.

Unser Interesse in diesem Sonderheft, das mit der großartigen Unterstützung einer sehr engagierten Fachredaktion entstanden ist, gilt vor allem den heimischen Wildtaubenarten. Wer genauer hinsieht, erkennt faszinierende Geschöpfe, über die es viel zu erfahren und zu lernen gibt. Ihre Eleganz im Flug, ihre vielfältigen Lebensweisen und ihre Anpassungsfähigkeit sind Eigenschaften, die oft wenig beachtet werden.

Es lohnt sich daher, die Vorurteile abzulegen und Tauben in einem neuen Licht zu sehen. Sie sind mehr als nur lästige Mitbewohner unserer Plätze und Dächer – sie sind einerseits Teil der langen gemeinsamen Geschichte von Mensch und Tier und andererseits ein wichtiger Bestandteil unserer Artenvielfalt. Und vielleicht zeigt sich uns gerade an ihrem Beispiel, dass auch das scheinbar Alltägliche Aufmerksamkeit verdient. Dann fällt auf, dass Tauben nicht nur anpassungsfähige Überlebenskünstler, sondern zugleich auch gefährdete und schützenswerte Vögel sind. Sie haben die besondere Würdigung dieses bemerkenswerten Sonderheftes und auch Ihre geschätzte Beachtung verdient.

Ihre

Dr. Nina Krüger

Dr. Nina Krüger, Chefredakteurin

„ES KOMMT NICHT DARAUF AN, WAS MAN BETRACHTET, SONDERN DARAUF WAS MAN SIEHT."

HENRY DAVID THOREAU

Trinkende Turteltaube – unsere Betrachtung von Tauben sagt auch einiges über uns selbst aus.

FOTO: ERNI / STOCK.ADOBE.COM

INHALT

SONDERHEFT TAUBEN

vögel IM INTERNET

Auch in den sozialen Medien informieren wir Sie regelmäßig über Interessantes aus der Welt der Vögel – folgen Sie uns einfach bei Facebook oder Instagram, um keine News zu verpassen. Ihre Meinung ist uns wichtig – schreiben Sie uns dazu gerne.

www.voegel-magazin.de
redaktion@voegel-magazin.de
www.facebook.com/Voegel.Magazin
www.instagram.com/voegel_magazin_

UNSER TITEL

Das Titelbild zeigt eine Ringeltaube.
Foto: Karin Jähne / Stock.Adobe.com

FOTO: MARC / STOCK.ADOBE.COM

FOTO: ROY DE HAAS / STOCK.ADOBE.COM

FOTOS: HINTERGRUND: LITERAT / STOCK.ADOBE.COM; STRASSENTAUBE: DANIEL DUNCA / STOCK.ADOBE.COM

FOTO: MESZLENYI ATTILA / STOCK.ADOBE.COM

FOTO: STEFAN PFÜTZKE / GREEN-LENS.DE

EINLEITUNG

TAUBEN

Diese Sonderausgabe des VÖGEL-Magazins entstand unter der Schirmherrschaft unserer langjährigen Autoren Dr. Achim Zedler und Prof. Dr. Martin Kraft, die bei der Auswahl der Themen und Autoren tatkräftig mitgewirkt haben.

TEXT UND FOTOS VON
DR. ACHIM ZEDLER

Bei Tauben denkt man schnell an Stadttauben, die als Kulturfolger die Städte besiedeln und zu Problemen führen können. Aber Tauben sind eine faszinierende und sehr vielseitige Vogelgruppe, die man an sehr vielen Orten der Welt beobachten kann. Abgesehen von Arten, die dem Menschen in die Siedlungen gefolgt sind, gibt es ebenso scheue, zum Beispiel in Wäldern versteckt lebende Tauben. Es gibt farbenprächtige, aber auch schlicht gefärbte Arten, von denen wir einige vorstellen wollen. Ebenso die Unterschiede im Flug, wo die Vögel unverhoffte Kontraste im Gefieder zeigen können.

Es ergeben sich vielfältige Fragestellungen für diese Vogelgruppe. Darüber, wie die Verwandtschaftsverhältnisse untereinander sind und wie diese Vogelgruppe entstanden ist, geben genetische Untersuchungen Aufschluss. Wie verläuft die Mauser? Welche Besonderheiten gibt es im Federkleid und bei den Lautäußerungen? Welche heimischen Arten gibt es? Wie sind ihre Lebensweisen und wie ist der Erhaltungszustand? Welche Zugstrategien haben sie entwickelt? Welche aktuellen Forschungsansätze gibt es?

Und natürlich berichten wir über die Probleme mit Stadttauben, über ihre Geschichte und wie man ein gerechtes, ethisch vertretbares Taubenmanagement durchführen kann. Dies ist ein viel diskutierter Themenkomplex. Die Stadt Bern hat ein solches Management etabliert, das wir in dieser Sonderausgabe vorstellen.

Tauben sind Kulturfolger und viele Arten können sich an die Lebensweise des Menschen anpassen. Selbst an zur Abschreckung dienende Attrappen gewöhnen sich die Vögel. Es kommt teilweise zu umstrittenen Maßnahmen, welche ökologische, ökonomische und tierethische Fragen aufwerfen. Der einst wohl häufigste Vogel der Welt, die nordamerikanische Wandertaube, wurde durch eine sinnlose Abschussorgie ausgerottet.

Da die Stadt- und Brieftauben aus Züchtungen stammen, gibt es viele besonders gezüchtete Farbvarianten, über deren Entstehung berichtet wird. Eine dieser besonderen Zuchtformen stellten die Tauben der Schweizer Garde dar.

Wir wünschen Ihnen viel Spaß beim Lesen über eine vielseitige Vogelgruppe, die wir Ihnen mit dieser Ausgabe näherbringen möchten.

Dr. Achim Zedler widmet sich als ehemaliger Basketballprofi und Facharzt im Ruhestand nun vorwiegend seiner Leidenschaft, der Ornithologie.

Ziehende Hohltauben am Himmel. Ein Anblick aus dem Randecker Maar in der Schwäbischen Alb.

Taubenabwehr in der Altstadt von Heidelberg – so versucht man vielerorts Stadttauben abzuwehren.

FOTOS: DR. ACHIM ZEDLER

FOTO: STEFAN PFÜTZKE / GREEN-LENS.DE

TEXT VON
PROF. DR. MARTIN KRAFT

Sicher wusste mein Großvater Hans-Georg an meinem dritten Geburtstag nicht, dass das weiße Pärchen Pfautauben, das er mir schenkte, der Startschuss für meinen späteren Beruf als Ornithologe werden könnte. Diese beiden Pfautauben waren zwar mein ganzer Stolz, doch wenig später züchtete ich bereits meine ersten Zwerghühner. Schon als Kind konnte ich stundenlang Vögel beobachten, prägte mir deren Verhalten ein und zeichnete sie, um meine Kenntnisse zu vertiefen. Tauben indes gehören für mich seit Anbeginn zu meinen Wegbegleitern, denn auch mit Turtel- und Türkentauben wurde ich groß. Dass diese beiden damals noch sehr häufigen Arten einmal im Bestand drastisch abnehmen würden, hätte ich nie gedacht, aber glücklicherweise geht es neuerdings wieder bergauf.

Inzwischen hat sich einiges verändert: Ringeltauben gehören schon seit Langem zu den Kulturfolgern, und Hohltauben haben im Bestand deutlich zugenommen, was sicherlich auch dem Schutz von Alt- und Totholzinseln zu verdanken ist. Wenn im Herbst riesige „Bälle“ oder „Bänder“ Ringeltauben gen Südwesten streben, bin ich immer wieder begeistert. Allerdings habe ich auf meinen Reisen auch viele exotische Tauben kennengelernt, von denen mich die sehr bunt gefärbte Königsfruchttaube (Ptilinopus regina) Australiens am meisten fasziniert.

Dass unsere Stadttauben für allerlei Ärgernisse bei einigen Menschen sorgen, betrübt mich sehr, denn es gibt genügend positive Beispiele des sinnvollen Zusammenlebens. Mit dem vorliegenden Sonderheft leisten wir einen wichtigen Beitrag zum Kennenlernen einer sehr interessanten Vogelgruppe.

Pfautauben sind eine besondere Zuchtform der Haustaube und haben die Leidenschaft von Martin Kraft geweckt.

FOTO: ZHOUEKA / STOCK.ADOBE.COM

Prof. Dr. Martin Kraft ist Autor der ersten Stunde des Magazins VÖGEL und schon sein ganzes Leben von Tauben fasziniert.

ABB. 1: ZEITLICH DATIERTE PHYLOGENIE WICHTIGER TAUBENGATTUNGEN AUFGRUND VON NUCLEOTIDSEQUENZEN VOLLSTÄNDIGER MITOCHONDRIALER GENOME*

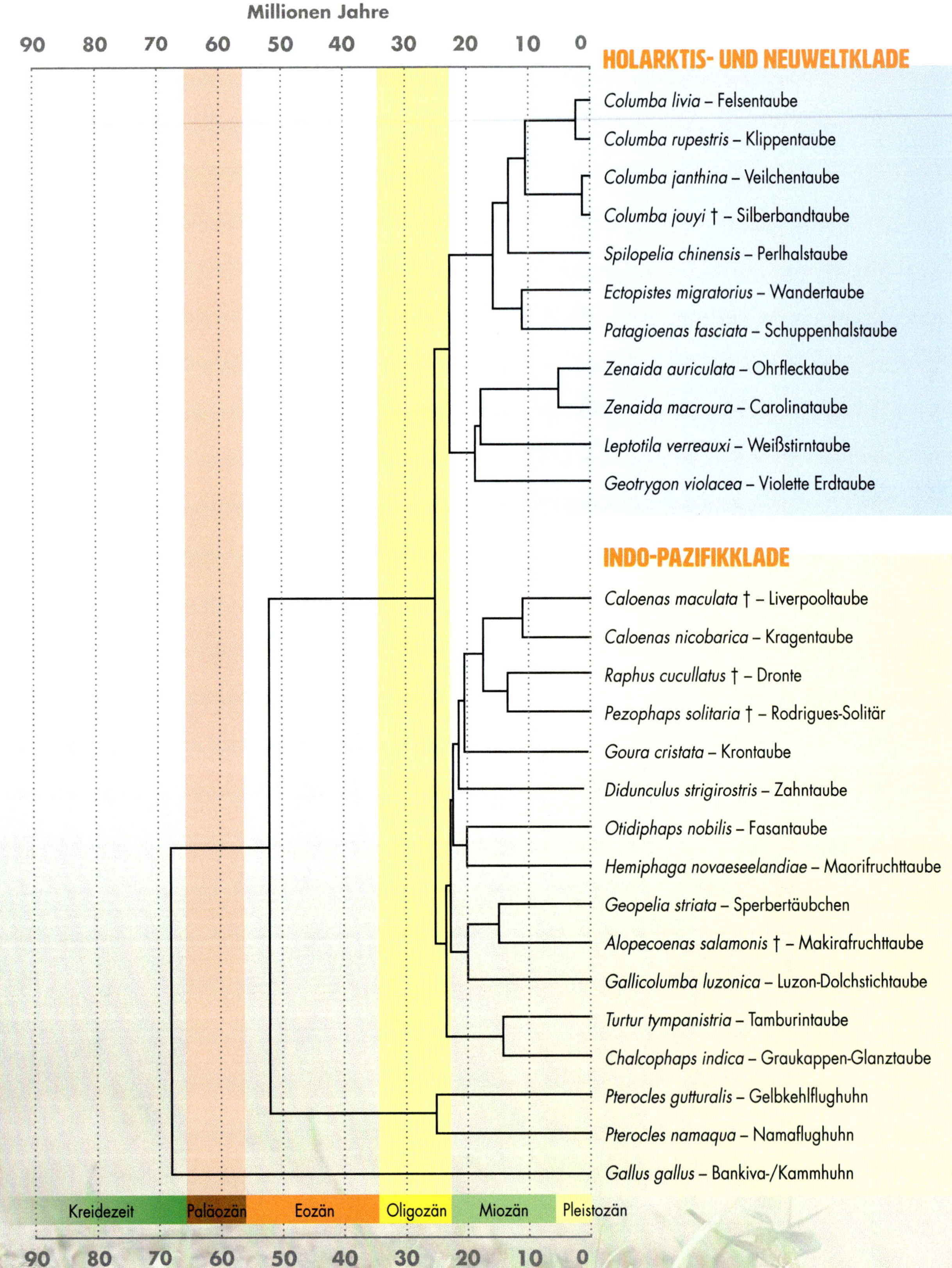

nach Soares et al. 2016. Auch ausgestorbene Arten konnten analysiert werden wie Dronte, Rodrigues-Solitär und Wandertaube (alle mit einem Kreuz markiert).

STAMMBAUM

In allen Bereichen der Biologie, vor allem in der Taxonomie und Systematik, hat die Sequenzierung der DNA zu wichtigen neuen Erkenntnissen geführt. Auch die Taxonomie und Systematik der Vögel haben von den Fortschritten der DNA-Technologie profitiert, da man mit dieser Methode die evolutionäre Vergangenheit rekonstruieren kann. Durch die Sequenzierung von Markergenen, von kompletten mitochondrialen Genomen und dem Kerngenom war es möglich, die Verwandtschaftsbeziehungen von vielen Tausend Vogelarten aufzuklären.

Der flugunfähige Rodrigues-Solitär war ein naher Verwandter des Dodo.

FOTO: WIKI COMMONS

TEXT VON **MICHAEL WINK**

Die DNA-Analysen haben dazu geführt, dass einige bestehende Arten in neue Arten unterteilt wurden (Splitting). Aber auch neue oder kryptische Arten, die bislang übersehen worden waren, konnten entdeckt werden. Dadurch erhöhte sich die Anzahl bekannter Vogelarten von unter 10.000 vor 1990 auf aktuell fast 11.000 Arten. Vermutlich wird sich der Trend zum Artensplitting noch eine Zeit lang fortsetzen, indem aus bestehenden Unterarten neue Arten definiert werden. Einer Schätzung nach werden wir irgendwann rund 15.845 bis 20.470 Arten erreichen, die sich in 44 Ordnungen, 253 Familien und 2.381 Gattungen aufgliedern lassen (www.worldbirdnames.org).

PHYLOGENIE DER TAUBEN

Im Stammbaum der Vögel bilden die Tauben innerhalb der Neoaves mit Flughühnern (Pterocliformes), Stelzenrallen (Mesitornithiformes), Kuckucken (Cuculiformes), Trappen (Otidiformes) und Turakos (Musophagiformes) eine frühe Landvogelgruppe (Columbaves), die vor rund 65 Millionen Jahren evolvierte. Die Ordnung der Tauben (Columbiformes) entstand vermutlich vor rund 50 Millionen Jahren, als noch gemeinsame Vorfahren mit den Flughühnern existierten. Die eigentliche Diversifizierung der Tauben und ihre Aufspaltung in die unterschiedlichen Gattungen erfolgten später vor rund 25 bis 15 Millionen Jahren.

Die Familie der Tauben (Columbidae) ist die einzige Familie in der Ordnung *Columbiformes.* Sie ist weltweit verbreitet und umfasst rund 350 Arten in 50 Gattungen. Die Taxonomie und Systematik der *Columbidae* hat in den letzten Jahrzehnten eine gravierende Veränderung erfahren; viele neue Gattungen wurden etabliert, besonders für die neuweltlichen Tauben. Die Tabelle 1 (unten) gibt eine Übersicht über die Anzahl der Taubenarten in den eurasischen und afrikanischen Gattungen, die etwa 25 Prozent der Taubenarten abdecken. Weitere größere Diversitätsschwerpunkte liegen in Südostasien inklusive der Inseln des Pazifiks sowie Australien mit über 190 Arten und in der Neuen Welt mit insgesamt über 75 Arten. Bemerkenswert ist, dass die Inseln in Mittelamerika, im Indischen und Pazifischen Ozean eine große Anzahl

TABELLE 1: DIE WICHTIGSTEN TAUBENGATTUNGEN IN EURASIEN UND AFRIKA

Gattung	Anzahl Arten	Verbreitung
Columba	32	Eurasien, Afrika
Streptopelia	15	Eurasien, Afrika
Aplopelia	1	Afrika
Spilopelia	3	Afrika, Asien
Treron	31	Südostasien, Afrika
Turtur	5	Afrika
Nesoenas	2	Madagaskar, Indischer Ozean

Die Türkentaube gehört zur Gattung *Streptopelia*. Ihre nächsten Verwandten leben in Afrika, sodass der Ursprung dieser Art wohl ebenfalls in Afrika liegt.

FOTO: AGAMI / STOCK.ADOBE.COM

an endemischen Arten aufweisen – allesamt Standvögel. Bedingt durch ihren begrenzten Lebensraum zählen viele dieser Inselendemiten zu den vom Aussterben bedrohten Arten.

Die Abbildung 1 zeigt einen globalen Stammbaum der Tauben, in dem aus jeder größeren Gattung ein Vertreter ausgewählt wurde. Durch die Anwendung der molekularen Uhr kann man abschätzen, wann die verschiedenen Taxa zeitlich entstanden. Obwohl die Vorfahren der Tauben vermutlich vor 50 Millionen Jahren lebten, erfolgte die Aufspaltung in die Gattungen erst vor rund 35 bis 15 Millionen Jahren. Dieser Stammbaum enthält auch ausgestorbene Tauben wie den Dodo oder die Dronte (Raphus cucullatus), den Rodrigues-Solitär (Pezophabs solitaria), die Riu-Kiu-Taube (Columba jouyi), die Liverpooltaube (Caloenas maculatus), die Makirataube (Alopecoenas salomonis) und die Wandertaube (Ectopistes migratorius); bei diesen Arten war es möglich, aus vorhandenem Museumsmaterial DNA zu isolieren und zu sequenzieren.

Bis auf die Wandertaube lebten die anderen ausgestorbenen Taubenarten alle auf Inseln, wo sie leicht Opfer durch Bejagung oder Umweltveränderungen wurden.

Die flugunfähigen Arten wie der Dodo und der Rodrigues-Solitär gehören evolutionär in den Formenkreis der indopazifischen Taubengattungen. Die Wandertaube clustert zusammen mit anderen Neuwelttauben. Wie man im Stammbaum erkennen kann, bilden die Tauben der westlichen Paläarktis und aus Afrika eine gemeinsame Klade, die als Schwestergruppe zu den neuweltlichen Taubenarten clustert. Auch die Tauben in Südostasien, Australien und auf den Inseln des Indopazifiks leiten sich von einem gemeinsamen Vorfahren ab, sie sind also monophyletisch.

TAUBEN DER WESTPALÄARKTIS

Um den Rahmen des Artikels nicht zu sprengen, werden wir uns im Folgenden etwas genauer mit der Phylogenie ausgewählter westpaläarktischer Tauben beschäftigen. Dabei geht es im Wesentlichen um Vertreter der Gattungen *Columba* und *Streptopelia*, die jeweils monophyletische Gruppen bilden. Damit man die Verwandtschaft der westpaläarktischen Arten interpretieren kann, habe ich in der Phylogenie-Rekonstruktion auch Arten aus Afrika

Die Felsentaube gehört zur Gattung *Columba* und kommt in Europa und im westlichen Asien vor. In Ostasien wird sie von der nah verwandten Klippentaube abgelöst.

FOTO: LAP TAK / STOCK.ADOBE.COM

Die Perlhalstaube besiedelt Süd- und Südostasien. Sie wurde aufgrund von DNA-Analysen mit der nah verwandten Palmtaube aus der Gattung *Streptopelia* in die eigene Gattung *Spilopelia* ausgegliedert.

Die in Europa weit verbreitete Ringeltaube gehört ebenfalls zur Gattung *Columba*. Ihre nächste Verwandte ist die Kanarentaube.

FOTO: BONNIE TAYLOR / STOCK.ADOBE.COM

Die Nord- und Mittelamerika besiedelnde Carolinataube und die südamerikanische Ohrflecktaube sind zwei nah verwandte Arten der Gattung *Zenaida.*

und Asien berücksichtigt. Die meisten Vertreter dieser Gattungen sind Standvögel. Zu den Teilziehern zählen in der Westpaläarktis Ringel- und Hohltaube, zu den Langstreckenziehern wird die Turteltaube gerechnet.

GATTUNG COLUMBA

Die Ringeltaube (C. palumbus) ist in Europa weit verbreitet; eine nah verwandte Schwesterart ist die endemische Kanarentaube (C. bollii), die im Lorbeerwald auf mehreren Kanarischen Inseln lebt. Vermutlich stammt die Kanarentaube von Ringeltauben ab, die auf die Inseln verdriftet wurden. Ebenfalls endemisch auf den Kanaren ist die Lorbeertaube (C. junoniae). Sie ist jedoch nicht mit den beiden Taubenarten verwandt, sondern mit der Mahagonitaube (C. thomensis), die auf der westafrikanischen Insel Sao Tome lebt. Die Lorbeertaube hat die Kanaren daher vermutlich aus dem tropischen Afrika heraus besiedelt.

Die Felsentaube (C. livia), von der neun Unterarten beschrieben wurden, bildet zusammen mit der Klippentaube (C. rupestris) eine nah verwandte Schwesterart. Während die Felsentaube in Europa und im westlichen Asien vorkommt, wird sie durch die Klippentaube im östlichen Asien abgelöst. Felsen- und Klippentauben bilden zusammen mit der Hohltaube (C. oenas) und der Schneetaube (C. leuconota) eine monophyletische Gruppe.

Unsere Haustauben stammen von der Felsentaube (C. livia) ab. Obwohl viele Haustauben noch die ursprünglichen Gefiedermerkmale der Felsentaube aufweisen, ist die Formenvielfalt unter den gezüchteten Haustauben frappierend. Sie zeigen eine verblüffende phänotypische Plastizität. Für Charles Darwin (1809 – 1882) war die morphologische Variabilität von Tauben von besonderem Interesse für seine Evolutionstheorie. Er erkannte, wie Züchter durch gezielte Selektion aus einer Wildform neue

Das Verbreitungsgebiet der zur Gattung *Streptopelia* gehörenden Turteltaube liegt in der westlichen und zentralen Paläarktis. In Ostasien wird sie durch die Orientturteltaube ersetzt.

FOTO: CREATIVENATURE.NL / STOCK.ADOBE.COM

GLOSSAR

Sequenzierung: Die Erbinformation wird durch eine Aneinanderreihung von unterschiedlichen Kombinationen der vier DNA-Basen A, T, G und C codiert. Bei der Sequenzierung wird die Reihenfolge der vier DNA-Basen bestimmt; aus den erhaltenen Sequenzdaten kann man den Stammbaum des Lebens rekonstruieren.

Genom: Gesamtheit der genetischen Information einer Zelle.

Clustern: Nah verwandte Arten bilden in einem Stammbaum eine gemeinsame Gruppierung.

Klade: Monophyletische Gruppe, in der alle von einem gemeinsamen Vorfahren abstammen. In ihr enthalten sind alle seine Nachfahren.

Phylogenie: Evolutionäre Geschichte (Stammesgeschichte) von Organismen; kann als Stammbaum dargestellt werden.

Monophyletisch: Gruppe von Taxa, die sich von einem gemeinsamen Vorfahren ableiten und sämtliche Nachkommen umfassen.

PHYLOGENIE AUSGEWÄHLTER TAUBENTAXA DER GATTUNGEN COLUMBA UND STREPTOPELIA

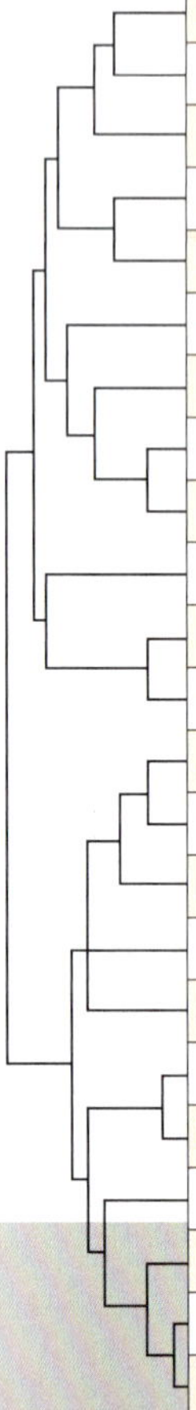

Wissenschaftliche Bezeichnung	Deutsche Bezeichnung	Europa	Asien	Afrika
Columba elphinstonii	Nilgiritaube		Indien	
Columba pulchella	Rotkappen-Fruchttaube		Südasien	
Columba vitiensis	Weißkehltaube		Südostasien	
Columba palumbus	Ringeltaube	Europa		
Columba bollii	Kanarentaube	Kanaren		
Columba leuconota	Schneetaube		Ostasien	
Columba oenas	Hohltaube	Europa		
Columba livia	Felsentaube	Europa	Asien	
Columba rupestris	Klippentaube		Ostasien	
Columba junoiae	Lorbeertaube	Kanaren		
Columba thomensis	Mahagonitaube			Sao Tome
Columba arquatix	Oliventaube			Ostafrika
Streptopelia hypopyrrha	Adamauaturteltaube			Westafrika
Streptopelia turtur	Turteltaube	Europa		
Streptopelia orientalis	Orientturteltaube		Ostasien	
Streptopelia tranquebarica	Halsringtaube		Südostasien	
Streptopelia bitorquata	Kichertaube		Südostasien	
Streptopelia vinacea	Röteltaube			Westafrika
Streptopelia capicola	Gurrtaube			Südafrika
Streptopelia semitorquata	Halbmondtaube			Afrika
Streptopelia decipiens	Brillentaube			Westafrika
Streptopelia decaoto	Türkentaube	Europa	Asien	
Streptopelia roseogrisea	Lachtaube			Westafrika

Rassen auslesen können. Darwin kam zu dem genialen Schluss, dass ein ähnlicher Selektionsprozess zur Ausbildung der Artenvielfalt auf unserer Erde geführt hat. Nur gibt es in der Natur keinen Züchter; es ist die natürliche Selektion, die dazu führt, dass innerhalb einer Population mit Individuen variabler Merkmale diejenigen überleben und sich fortpflanzen, die besonders gut an die Lebens- und Umweltbedingungen angepasst sind.

GATTUNG STREPTOPELIA

Ein charakteristisches Merkmal der Türkentaube (S. decaocto) und verwandter Arten ist ein schwarzer Nackenstreifen. Die meisten davon sind in Afrika beheimatet, lediglich die Türkentaube, die Weinrote Halbringtaube (S. tranquebarica) sowie die Kichertaube (S. bitorquata) sind auch in Asien verbreitet. Die nächsten Verwandten der Türkentaube, die erst vor rund 80 Jahren aus dem Balkan nach Europa eingewandert ist, sind die Lachtaube (S. roseogrisea), die Brillentaube (S. decipiens) und die Halbmondtaube

FOTO: SYLVIA ADAMS / STOCK.ADOBE.COM

Die Hohltaube bildet mit der Felsen-, der Klippen- und der Schneetaube innerhalb der Gattung *Columba* ein Cluster.

Die Ohrflecktaube lebt in mehreren Unterarten in Südamerika. Ihre nächste Verwandte ist die in Nord- und Mittelamerika vorkommende Carolinataube. Beide gehören zur Gattung *Zenaida*.

FOTO: JRO BALLO / STOCK.ADOBE.COM

(S. semitorquata). Da diese Arten aus Afrika stammen, dürfte die Türkentaube ebenfalls afrikanischen Ursprungs sein.

Eine weitere Klade der Gattung Streptopelia betrifft die Turteltauben, die sich durch mehrere schmale, schwarze Querbinden an den Halsseiten auszeichnen. In Europa ist die Turteltaube (S. turtur) beheimatet, die im östlichen Asien durch die Orientturteltaube (S. orientalis) ersetzt wird. In Afrika, wohin unsere Turteltauben im Winterhalbjahr ziehen, leben mit *Streptopelia hypopyrrha* und *Streptopelia lugens* zwei Arten. Vermutlich stammt auch die Turteltaube ursprünglich aus Afrika.

Früher zählten die Palmtauben ebenfalls zur Gattung *Streptopelia*; nach neuer Taxonomie werden sie mit drei Arten in eine eigene Gattung *Spilopelia* gestellt. Dazu gehört zum Beispiel die Palmtaube (Spilopelia senegalensis), die in Afrika und im Nahen Osten vorkommt.

AUSBLICK

Tauben stellen eine faszinierende Vogelordnung dar, die viele gemeinsame morphologische und biologische Merkmale aufweist. Sie sind Freibrüter mit einfach gebauten Nestern und legen in der Regel nur ein bis zwei Eier. Die meisten Tauben leben vegetarisch und ernähren sich von Samen und Früchten, die meist unzerkleinert verschluckt werden. Die frugivoren Tauben spielen eine große Rolle in den Ökosystemen, da sie mithelfen, Samen zu verbreiten.

Ein bemerkenswertes Alleinstellungsmerkmal der Tauben ist die Produktion einer nährstoffreichen Kropfmilch, mit der die Jungen gefüttert werden. Die Ernährung des Nachwuchses mit Milch ist für Säugetiere typisch, bei Vögeln aber die Ausnahme und hier nur von Tauben und Flamingos bekannt.

Tauben sind sehr anpassungsfähig und besiedeln fast alle Lebensräume. Etliche Arten leben als Kulturfolger in menschlichen Siedlungen oder in der Nähe davon, was sowohl Probleme als auch Chancen mit sich bringt.

Die Vögel haben ein ausgezeichnetes Orientierungsvermögen und Brieftauben wurden zu einer Modellart der Orientierungsforscher und zu einem beliebten Objekt der Brieftaubenhalter. Da Tauben sich leicht züchten lassen, sind sie zudem für Kleinvogelzüchter und auch für die menschliche Ernährung von großem Interesse.

LITERATUR

Del Hoyo, J. ed. (2020): All Birds of the World. Lynx Edicions, Barcelona

Del Hoyo, J. & Collar, N. J. (2014): HBW and BirdLife International Illustrated Checklist of the Birds of the World. Volume 1: Non-passerines. Barcelona, Lynx Edicions

Gonzalez, J., Delgado, G., Castro, Garcia-del-Rey, E., Berger, C., Wink, M. (2009): Use of mitochondrial and nuclear genes to infer the origin of two endemic pigeons from the Canary Islands. Journal of Ornithology 150, 357–367

Prum, R. O., Berv, J. S., Dornburg, A., Field, D. J., Townsend, J. P., Lemmon, E. M. & Lemmon, A. R. (2015): A comprehensive phylogeny of birds (Aves) using targeted next-generation DNA sequencing. Nature, 526, 569–573

Soares A.E., Novak, B.J., Haile, J., Heupink, T.H., Fjeldså, J., Gilbert, M.T., Poinar, H., Church, G.M., Shapiro, B. (2016): Complete mitochondrial genomes of living and extinct pigeons revise the timing of the columbiform radiation. BMC Evol Biol. 16(1): 230. doi: 10.1186/s12862-016-0800-3. PMID: 27782796; PMCID: PMC5080718.

Storch, V., Welsch, U., Wink, M. (2013): Evolutionsbiologie. 3. Auflage; Springer, Heidelberg

Wink, M. (2021): DNA analyses have revolutionized studies on the taxonomy and evolution in birds. In H. Mikkola (Hrg):, Birds – Challenges and Opportunities for Business, Conservation and Research, IntechOpen, DOI: 10.5772/intechopen.97013

Wink, M. (2025): Ornithologie für Einsteiger und Fortgeschrittene. 2. Auflage Springer-Spektrum, Heidelberg

VOGELSTIMMEN

DER PODCAST

Tauben sind so wunderschön, wie sie vielfältig sind. Hier beobachtet eine Turteltaube ihr eigenes Spiegelbild.

FOTO: DR. ACHIM ZEDLER

Podcasts sind der Trend unserer Zeit und in der Sonderepisode zu diesem Heft dreht sich natürlich alles um unsere heimischen Tauben und ihre Besonderheiten.

TEXT VON
DR. NINA KRÜGER

Zu jeder Ausgabe unseres Magazins gibt es neben einer News-Folge aucch einen Podcast, der ein besonderes Thema vertieft. In dieser Sonderepisode von Vogelstimmen begrüßt Dr. Nina Krüger die Taubenexpertin Deutschlands – Frau Professor Dr. Quillfeldt. In zahlreichen Artikeln, die sie gemeinsam mit ihrem Team zu diesem Sonderheft beigetragen hat, erläutert sie nicht nur die Lebensweise von Ringel-, Hohl- und Turteltauben, sondern berichtet auch über neueste Forschungsergebnisse zu Zug- und Wanderverhalten, Raumnutzung und letztendlich mögliche Bedrohungen, die unsere heimischen Tauben ausgesetzt sein können.

SELTEN VERSTANDEN

Kaum eine Vogelklasse wird so kontrovers betrachtet wie diese: Tauben. Sie werden geliebt, gehasst und nicht selten verfolgt und vertrieben. Nur eines werden sie selten: Verstanden.
Um sie besser zu verstehen haben wir nicht nur dieses Sonderheft geschaffen, sondern auch mit Taubenexpertin Dr. Quillfeldt gesprochen. Sie gibt uns Einblicke in die Lebensweisen, Wanderwege, Besonderheiten und Bedrohungen unser heimischen Wildtaubenarten. Erfahren Sie, was Ringeltauben bewegt, wo Hohltauben ihr Futter suchen und wohin

ZUM MAGAZIN

Hohltaube im Flug. Die kleine blaue Waldtaube hat ein interessantes Zugverhalten.
FOTO: STOCK.ADOBE.COM

PODCAST INFO

„Vogelstimmen – der Podcast für Vogelbegeisterte" – können Sie unter **https://www.voegel-magazin.de/audio/** direkt bei uns anhören. Zudem ist er auf allen bekannten Podcastplattformen kostenlos verfügbar. Einfach den QR-Code scannen.

Für Themenvorschläge, Kritik und Anregungen stehen wir Ihnen unter **redaktion@voegel-magazin.de** jederzeit zur Verfügung. Viel Spaß beim Reinhören.

Turteltauben jedes Jahr ziehen. Dies und vieles mehr erfahren Sie bei uns im Podcast. Dazu hören Sie viele persönliche Anekdoten, lustige Geschichten und tiefgründige Informationen.

ÜBERALL FREI VERFÜGBAR

Zu jeder neuen Ausgabe des Magazins gibt es eine neue Podcastfolge, die bequem über die VÖGEL-Homepage abgerufen werden kann und auch auf allen bekannten Podcastplattformen gratis zur Verfügung steht. Suchen Sie dort einfach nach VOGELSTIMMEN.

In jeder Folge spricht Chefredakteurin Dr. Nina Krüger mit interessanten Persönlichkeiten und beleuchtet dabei Hintergründe zu spannenden Themen aus den Bereichen Wissenschaft, Feldornithologie und Bestimmung. Sichern Sie sich Geheimtipps zu den besten Beobachtungsstandorten oder für eine vogelfreundlichere Gartengestaltung. Viele wissenswerte Aspekte aus der Welt der Vögel und der Vogelbeobachtung, die den Rahmen eines Printartikels sprengen würden, werden unterhaltsam und humorvoll erörtert. Wir freuen uns, wenn Sie einmal reinhören und uns Anregungen für weitere Folgen liefern!

GALERIE

EXOTISCHE TAUBEN

TEXT UND FOTOS VON
STEFAN PFÜTZKE UND DR. ACHIM ZEDLER

FOTO: STEFAN PFÜZKE / GREEN-LENS.DE

KRAGENTAUBE

(CALONEAS NICOBARICA)

Die Kragentaube ist in mehrerlei Hinsicht eine Besonderheit: Sie ist vorwiegend nacht- und dämmerungsaktiv und verbringt die meiste Zeit am Boden, was die Art zu einer außergewöhnlichen Vertreterin der Taubenfamilie macht. Ihr ungewöhnliches Aussehen mit dem dunklen, metallisch schimmernden Gefieder und den langen Schmuckfedern trägt ebenfalls zu diesem Eindruck bei. Kragentauben kommen fast ausnahmslos auf Inseln der Nikobaren in Thailand über die Philippinen bis nach Neuguinea vor.

GALERIE

EXOTISCHE TAUBEN

FOTO: STEFAN PFÜZKE / GREEN-LENS.DE

PAPAGEISCHNABEL-GRÜNTAUBE

(TRERON CURVIROSTRA)

Als ein Vertreter der Fruchttauben ernährt sich die Papageischnabel-Grüntaube gerne von Früchten. Daher ist sie an Früchte tragenden Bäumen oft in größerer Zahl anzutreffen, wo sie sich mit anderen Vertretern dieser Taubengattung und weiteren, diese Nahrungsquelle nutzenden Tieren, vergesellschaftet. Die hübsche Papageischnabel-Grüntaube hat ein recht großes Verbreitungsgebiet, das von Nepal im Nordwesten über ganz Südostasien bis hin zu den Philippinen und Indonesien reicht.

ZWEIFARBEN-FRUCHTTAUBE

(DUCULA BICOLOR)

Mit ihrem weißen Grundgefieder und den dazu stark kontrastierenden schwarzen Schwung- und Schwanzfedern ist die Zweifarben-Fruchttaube sehr auffällig gezeichnet. Sie hat ein ähnliches Verbreitungsgebiet wie die Kragentaube, ist allerdings nicht nur auf Inseln beschränkt, sondern siedelt auch in küstennahen Wäldern. Da Schlund und Mundöffnung dieser Taubenart sehr dehnbar sind, kann sie recht große Früchte komplett verschlucken.

FOTO: STEFAN PFÜZKE / GREEN-LENS.DE

GALERIE

EXOTISCHE TAUBEN

GURRTAUBE

(STREPTOPELIA CAPICOLA)

Ein Beispiel für die Ähnlichkeit zur Türkentaube stellt die Gurrtaube, auch Kapturteltaube genannt, aus dem tropischen Afrika dar. Ihre Rufe gehören zu den typischen Stimmen, die man an vielen Orten des Kontinents hören kann. Gerade in Afrika gibt es eine ganze Reihe an Taubenarten, die aus diesem Komplex stammen und erst nach längerer Beschäftigung zu unterscheiden sind.

FOTO: DR. ACHIM ZEDLER

FOTO: DR. ACHIM ZEDLER

SCHUPPEN-TÄUBCHEN

(COLUMBINA SQUAMMATA)

Das Schuppentäubchen aus dem Reserva Biologica Mbaracayu in Paraguay zeigt ein sehr kontrastreiches, den Betrachter überraschendes Erscheinungsbild. Mit dem streifenförmigen Gefieder ist sie zwar auf dem roten Lehmboden gut zu sehen, nicht jedoch im Bewuchs, wo sie sich meist aufhält.

FOTO: STEFAN PFÜZKE / GREEN-LENS.DE

GLANZTAUBE

(CHALCOPHAPS INDICA)

Eine besonders hübsche Vertreterin ihrer Familie ist die Glanztaube mit ihrem bunten Gefieder in Verbindung mit dem korallenroten Schnabel. Mit einer Körperlänge von 23 bis 27 Zentimetern ist sie eine eher kleine Taube, die in einem von Indien über China bis Indonesien reichenden Verbreitungsgebiet vorkommt und dort vor allem Wälder besiedelt. Sie ist recht ruffreudig und hält sich gerne an Wegrändern auf, was ihre Beobachtung erleichtert.

GALERIE

EXOTISCHE TAUBEN

FOTO: STEFAN PFÜTZKE / GREEN-LENS.DE

BINDENGRÜNTAUBE

(TRERON BICINCTUS)

Eine manchmal sogar in Parks und Gärten von Städten vorkommende Art ist die Bindengrüntaube. Vorwiegend besiedelt sie aber offene Wälder und Waldränder. Ihr Kernverbreitungsgebiet reicht über weite Teile Indiens bis nach Malaysia. Aufgrund der Ähnlichkeit zu anderen Grüntaubenarten der Region sind besonders die Weibchen schwer zu bestimmen. Auf dem Foto ist ein Männchen abgebildet, bei dem die orangefarbene Brust sehr auffällig ausgeprägt ist.

FOTO: DR. ACHIM ZEDLER

ROTNASEN-GRÜNTAUBE

(TRERON CALVUS)

Grüntauben haben ein sehr großes Verbreitungsgebiet, das sich von Afrika bis nach Südostasien erstreckt. Die Rotnasen-Grüntaube im Mgahinga-Park in Uganda gehört zu den Grüntauben, die sich vornehmlich von Früchten ernähren und sich in den entsprechenden Bäumen aufhalten. Die Tauben in der Vegetation zu entdecken, ist allerdings aufgrund ihrer Färbung nicht leicht; dies gelingt eher im Flug.

BLAURINGTAUBE

(LEPTOTILA VERREAUXI)

Manche Namensgebungen sind verwirrend, vor allem, weil die Bestimmungsliteratur in Übersee in der Regel in Englisch verfasst ist. Während bei dieser Taube vom Monte Alto in Costa Rica im Englischen der Schwerpunkt auf die weiße Schwanzspitze gelegt wird (White-tipped Dove), benennt die deutsche Bezeichnung den blauen Augenring.

FOTO: DR. ACHIM ZEDLER

FOTO: DR. ACHIM ZEDLER

KUBATAUBE

(STARNOENAS CYANOCEPHALA)

Eine der seltensten Taubenarten ist die wunderschöne, nur auf Kuba vorkommende Kubataube. Da ihre Lebensräume schwinden, ist dieser heimliche Vogel nur noch auf reliktartige Areale wie die Zapata-Sümpfe beschränkt. Ohne ortskundigen Guide hat man keine Chance, ihn zu sehen. Das Männchen mit dem sehr kontrastreichen Kopf und Kragen balzt hier gerade ein Weibchen an.

STADTTAUBEN – EIN PROBLEM?

EINST GESCHÄTZT

Die langen an Fenstersimsen und Gebäudevorsprüngen angebrachten Stacheln zur Taubenabwehr sind in den Städten ein häufiges Bild.

FOTOS: HINTERGRUND: LITERAT / STOCK.ADOBE.COM; STRASSENTAUBE / JURY UND TANYA

HEUTE VERPÖNT

Stadttauben galten einmal als hohes Gut, wurden geschätzt und gehütet. Heute werden sie von manchen gar als Ratten der Lüfte beschimpft und sind nirgends gerne gesehen, wie man unschwer an den mit Stacheln und Netzen bewehrten Gebäuden in den Städten erkennen kann. Doch wie kam es zu diesem tiefen Sturz auf der Beliebtheitsskala?

TEXT VON **SYLVIA KOCH** UND **PROF. DR. MARTIN KRAFT**
MIO – MARBURGER INSTITUT FÜR ORNITHOLOGIE UND ÖKOLOGIE E. V.

Die gemeinsame Geschichte des Menschen und der Felsentaube (Columba livia) begann bereits vor über 10.000 Jahren während der neolithischen Revolution, als aus den nomadisierenden Jägern und Sammlern sesshafte Bauern wurden, die Ackerbau und Viehzucht betrieben. Auf den Getreidefeldern fanden die Tauben ein gutes Nahrungsangebot und in den frühen Tempelbauten wohl auch geeignete Nistmöglichkeiten. So wurde die wilde Felsentaube im Laufe der Zeit zur Kulturfolgerin.

Wahrscheinlich haben die Menschen durch Beobachtung schon früh festgestellt, dass der Taubenkot ein ausgezeichneter Dünger ist, und sicher haben sie sich das ein oder andere Täubchen und die Eier schmecken lassen. Die Domestikation der Felsentaube begann schließlich vor etwa 5.000 Jahren im alten Ägypten und in Mesopotamien.

Als Nutztier bietet die Felsentaube viele Vorteile: Durch ihre starke Bindung an den Partner und ihren Brutplatz sowie ihr soziales Verhalten waren die Vögel einfach und in großen Schwärmen zu halten. Käfige waren nicht nötig, ebenso wenig die Fütterung. Hinzu kommen die hohe Fruchtbarkeit und das schnelle Wachstum der Vögel. Felsentauben erreichen ihre Geschlechtsreife bereits mit etwa sechs Monaten, die Jungvögel das Gewicht einer adulten Taube innerhalb von 24 Tagen. Somit lieferten sie den Menschen auch in Mangelzeiten wertvolle Proteine in Form von Eiern und Fleisch. Obendrein ließen sich dank des hervorragenden Orientierungssinns der Vögel Nachrichten schnell und über weite Strecken übermitteln.

Mit der Zeit züchtete der Mensch gezielt verschiedene Tauben für seine Zwecke, sei es als Fleischlieferant oder Überbringer für militärische oder private Nachrichten, und ebenso aus ästhetischen Gründen. Besonders beliebt war die Taubenzucht bei den Römern. Mit der

Stadttauben sind sehr soziale Wesen, die in Schwärmen auf Nahrungssuche gehen. Im Schwarm sind sie zudem besser gegen Fressfeinde geschützt.

FOTO: LIDIA LO / STOCK.ADOBE.COM

Ausbreitung ihres Imperiums gelangten Haustauben schließlich nach Mitteleuropa, wo die Taubenzucht nach dem Rückzug der Römer dem Adel und den Klöstern vorbehalten war.

So spielten die Haustauben viele Jahrhunderte durchaus eine wichtige Rolle im Leben der Menschen, auch im kulturellen und spirituellen Bereich, ob als Symbol der Fruchtbarkeit, der Liebe, für den Frieden oder im christlichen Glauben für den Heiligen Geist. Dieses Zusammenspiel von Mensch und Taube sowie deren Wertschätzung änderte sich in der sogenannten „westlichen Welt" erst etwa Mitte des 20. Jahrhunderts. Der wirtschaftliche Aufschwung in den 1950er-Jahren brachte einen gewissen Wohlstand mit sich, auf die Felder brachten die Bauern nun Kunstdünger statt des Taubenguanos aus. Statt der kleinen Taubeneier kamen jetzt Hühnereier aus industriell geführten Legebatterien auf den Tisch und statt der knochigen Täubchen saftige Koteletts und Schnitzel von Rind und Schwein. Die Tauben hatten als Nutztier für die Menschen ihre Bedeutung verloren, sodass die Taubenzucht zu großen Teilen aufgegeben wurde. Die Schläge wurden geschlossen und die Vögel einfach sich selbst überlassen.

Im Mittelmeerraum und in arabischen Ländern spielen Haustauben hingegen immer noch eine gewisse wirtschaftliche und kulturelle Rolle, wie mitunter prächtige, große Taubenhäuser bezeugen.

WOHER KOMMEN STADTTAUBEN?

Inzwischen findet man Stadttauben (Columba livia domestica) in nahezu jeder europäischen Stadt. Außerhalb Europas sind sie ebenfalls in vielen Kleinstädten und großen Metropolen heimisch. Bei diesen Vögeln handelt es sich wohl zum Großteil um verwilderte Haus- und Brieftauben, welche nicht mehr zu ihrem Schlag zurückkehrten. Wahrscheinlich hat aber auch die Stammform, die Felsentaube (Columba livia), in die menschlichen Siedlungen Einzug gehalten, denn noch heute gibt es große urbane Taubenpopulationen, welche sich phänotypisch nicht von den Felsentauben unterscheiden. Hier fand sicherlich ein ähnlicher Prozess wie beispielsweise bei Turmfalken, Uhus, Mauerseglern, Dohlen, Rauch- und Mehlschwalben, Hausrotschwänzen oder Haussperlingen statt. Die Vögel fanden in den menschlichen Bauwerken Höhlungen und Nischen, die ihrem ursprünglichen Lebensraum felsiger Regionen entsprachen.

EINE ECHTE PLAGE?

Genauso wie Brieftaubenzüchter und andere Taubenhalter Greifvögel, Falken und Eulen hassen, so gibt es Menschen, die Tauben ganz und gar nicht mögen und sie als „Ratten der Lüfte" verteufeln. Das Problem mit den Stadttauben soll eine „Überpopulation" sein, wobei dieser Begriff rein ornithologisch oder ökologisch völliger Humbug ist. Denn es sind die Tiere, die vorgeben, wo sie einwandern und ob sie sich dort etablieren können.

Dabei ist zu bedenken, dass inzwischen auch Stare in großer Zahl in Städten brüten und vor allem in großer Zahl an bestimmten Schlafplätzen nächtigen. Hinzu kommen in manchen Städten Halsbandsittiche und Saatkrähen, in anderen Rabenkrähen und Dohlen. In der letzten Zeit häufen sich all diese vermeintlichen Probleme mit dem eindeutigen Fokus auf den Stadttauben.

Die Verunreinigungen durch den Kot der Tauben werden oft als Argument für deren Vergrämung oder gar Tötung herangezogen. Natürlich putzt niemand gerne den Kot vom Balkon, Fenstersims oder dem im Freien abgestellten Fahrzeug. Zudem sind Gebäudereinigungen teuer.

Was die „Probleme" mit Stadttauben anbelangt, so haben diese stets mit

Haustauben sind nicht nur sehr ortstreu, sondern auch mit ihrem Partner ein Leben lang verbunden. Daher kehren sie immer wieder an denselben Ort zurück.

In den Städten finden die Tauben Brutplätze, die dem ursprünglichen Lebensraum der Felsentauben entsprechen. Durch die angezüchtete Dauerfruchtbarkeit können sie das ganze Jahr über brüten.

FOTO: KSENIAVLADIMIR / STOCKADOBE.COM

STECKBRIEF

Stadttaube

Columba livia domestica

Körperlänge	31 bis 34 Zentimeter
Gewicht	180 bis 370 Gramm
Nahrung	Samen, Knospen, junge Triebe, Abfall
Lebensraum	Gebäude, Felsen und Höhlen
Brutzeit/ Jungenaufzucht	Hauptsächlich März bis Oktober, 2 Eier, Brutdauer 18 Tage, flügge nach 30 bis 35 Tagen
Zug	Standvogel
Höchstalter	Bis zu 30 Jahre (Zuchtvogel)
Status	Nicht gefährdet

Menschen zu tun, die besonders auf Verunreinigungen durch Taubenkot achten und die Flecken nicht sehen wollen, wobei diese nicht nur von Tauben stammen.

Sollte tatsächlich wertvolle Bausubstanz durch den Vogelkot angegriffen werden, gilt es, vor allem historische Gebäude durch spezielle Vorrichtungen zu schützen und regelmäßig zu reinigen. Von den sogenannten „Spikes" – spitze Metallvorrichtungen – muss aber unbedingt abgesehen werden, denn sie verhindern zwar den Anflug, können jedoch zu schweren Verletzungen, Verstümmelungen oder gar zum Tod der Vögel führen. Es wurden neben toten Tauben schon aufgespießte Sperber, Turmfalken, Schleiereulen und Dohlen in diesen metallenen Abwehrgestellen gefunden.

Außerdem wurde in dem Prüfbericht der Technischen Universität Darmstadt aus dem Jahr 2004 (siehe Servicekasten) bewiesen, dass die Hinterlassenschaften der Stadttauben längst nicht so ätzend sind, wie es häufig als Argument für deren Vertreibung vorgebracht wird: Weder bei Sandstein noch bei Granit, Ziegeln oder Nadelholz richtet der Kot Schäden an, lediglich bestimmte Bleche können vorzeitig rosten, wenn sie dem Kot über Wochen hinweg ausgesetzt sind. Erwähnt werden muss zudem, dass die weißen Kotspritzer ein Zeichen von Mangel- und Fehlernährung sind. Denn die Vögel finden häufig nicht genug zu fressen und das Wenige ist meist nicht artgerecht und schwer verdaulich. Tauben ernähren sich normalerweise von Körnern, Sämereien und jungen Pflanzentrieben. Fettige Pommes frittes oder Pizza, altes, im schlimmsten Fall schimmeliges Brot können Tauben nicht verdauen, was zu Mangelernährung und Durchfall führt – eben jenen dicken weißen Klecksen, über die sich so viele Menschen ärgern.

Dennoch sind offenbar die Bedingungen in den Städten für die verwilderten Haustauben so gut, dass sie dort hohe Siedlungsdichten erreichen und mehrfach im Jahr brüten können. Allerdings kommt es durch die Hinterlassenschaften der Menschen nicht selten zu Fuß- oder Flügelverletzungen, zu Unterernährung und Krankheiten. Aus ökologischer Sicht ist es besonders wichtig, sie nicht zu vermenschlichen und über große „Hilfsaktionen" den Tauben unter die Flügel zu greifen. Man sollte nur tätig werden, wenn sich die Tauben leicht fangen lassen, um sie dann zu versorgen.

JAGD IST SINNLOS

Die Jagd auf Stadttauben ist nicht nur aus ethischen Gründen verwerflich, sondern auch aus ökologischen Gründen absolut sinnlos, denn es kommt immer wieder zum Auffüllen entstandener Populationslücken durch sogenannte „Floater", also oft nicht verpaarte Individuen, die stets die frei werdenden Nischen besetzen. Das gilt für alle Vögel, die in Städten und in anderen Biotopen leben. Die Jagd führt langfristig sogar dazu, dass die Bestandsdichten wieder ansteigen, es sei denn, es kommt zu Totaleliminierungen wie bei der Wandertaube, die Ende des 19. Jahrhunderts in Nordamerika ausgerottet wurde. Noch am Anfang des 19. Jahrhunderts schätzte man ihren Bestand auf drei bis fünf Milliarden Individuen, womit sie zu den häufigsten Vogelarten der Welt zählte (siehe hierzu den Artikel auf den Seiten 108 ff.).

Dieses Paradebeispiel für den Raubbau an der Natur verdeutlicht, dass selbst riesige Vogelbestände eliminiert werden können, wenn sie der völlig überflüssigen Jagd zum Opfer fallen. Werden Tierbestände durch Menschenhand derart radikal dezimiert und kommen obendrein noch Krankheiten bei den letzten Überlebenden hinzu, kann keine Bestandserholung mehr eintreten. Deshalb kann man die gezielte Jagd in Städten nur ablehnen, auch mit dem Hintergrundwissen, dass hier die Bestände langfristig nicht reduziert werden können. Ebenso sind Beizjagden mit Habichten oder Wanderfalken nicht zielführend, weil die Störungen anderer Vögel viel zu groß wären. Die immerwährenden Forderungen nach dem Bejagen durch Taubengegner und Jäger führen oft zu medialen Hasstiraden und demagogischen Kampagnen, die zu verurteilen sind.

TAUBENHÄUSER

In vielen Städten findet man inzwischen Taubenhäuser oder Taubentürme sowie Taubenschläge auf und in Gebäuden, in denen Tauben regelmäßig brüten und von daher in ihrer örtlichen Verteilung auf diese Plätze konzentriert werden können. Taubenhäuser gibt es seit Langem schon vielerorts und in manchen Ländern dieser Erde sind sie architektonisch sehr ansprechend (siehe hierzu auch den Beitrag auf den Seiten 46 ff.).

In Deutschland wird vor allem das „Augsburger Modell" als die Lösung der „Probleme" gepriesen. Seit dem 1. Januar 2017 wird dieses Projekt operativ vom „Tierschutzverein Augsburg und Umgebung e. V." betreut. Es gilt inzwischen als wegweisend, denn es wird hierbei eine Art „Geburtenkontrolle" durchgeführt, indem die Taubeneier gegen Attrappen ausgetauscht werden. Es gibt in dem Stadtgebiet mehrere Taubenschläge, Taubenhäuser und Taubentürme, die ehrenamtlich betreut werden.

Ob dieses Projekt tatsächlich langfristig seine gewünschte Wirkung zeigt, ist jedoch fraglich, denn inzwischen nehmen Ringeltauben und vor allem auch Stare in den Städten zu und sorgen ebenfalls für Verunreinigungen und Schäden an historischen Gebäuden. Zudem ist es aus ornithologischen und ökologischen Gründen bedenklich, die Taubeneier ständig auszutauschen.

Zwar kann man Haustauben an ihre Schläge binden und damit gewisse Konzentrationszentren schaffen, doch gibt es immer auch umherstreifende Tauben, zumeist juvenile, immature und nicht brütende Individuen, die in die frei gewordenen Nischen vorstoßen und sich etablieren. Es ist demnach sehr wahrscheinlich, dass im Laufe der Jahre die Taubenpopulationen wieder zunehmen. Außerdem ist es nicht gut, wenn allzu viel in der Biologie der Stadttiere herumgepfuscht wird.

FÜTTERUNGSVERBOTE

Vielerorts werden von den Stadtverwaltungen Fütterungsverbote ausgesprochen, welche eigentlich nur dann sinnvoll sind, wenn darauf hingewiesen wird, dass keine schädliche Nahrung wie zum Beispiel verschimmeltes Brot angeboten werden darf, denn es wird ohnehin nicht gelingen, vor allem ältere Menschen von ihren Fütterungen abzuhalten. Hier kommt somit noch eine ethisch-soziale Komponente ins Spiel, welche nicht übergangen werden sollte.

Inzwischen ist es so, dass sich in manchen Städten an den Fütterungsplätzen, an denen sich Stadttauben stark konzentrieren, regelmäßig Habichte, Sperber

Die Tauben in der Stadt ernähren sich häufig von den Hinterlassenschaften der Menschen. Das Futter ist nicht artgerecht und verursacht Durchfall – die weißen Kleckse, über die sich so viele ärgern.

FOTO: MILKOVASA / STOCK.ADOBE.COM

Traditionelles Taubenhaus auf der griechischen Kykladeninsel Tinos.

und Uhus, seltener auch Wanderfalken einfinden, um Beute zu machen. Diese urban-ökologischen Beziehungsgefüge sind auf jeden Fall auch wissenschaftlich sehr interessant, weil sich langfristig ein großer Erkenntnisgewinn ergeben kann.

LANGZEITSTUDIEN

Langzeituntersuchungen zu dem Verhalten, der Nahrung, der Häufigkeit, dem Bruterfolg und der Populationsdynamik der Stadttauben wären wesentlich sinnvoller, um erkennen zu können, wo sich innerörtliche Populationen befinden und wie sie sich entwickeln. Ob dann überhaupt noch Maßnahmen zur Verringerung der Bestände nötig wären, gilt es zu überdenken, weil es inzwischen Habichte, Sperber, Wanderfalken und Uhus gelernt haben, dass es in den Städten reichlich Nahrung gibt. So nehmen beispielsweise in Berlin, Dortmund oder Frankfurt diese Vogelarten deutlich zu, was wiederum eine natürliche Bestandsregulation bedingt und zudem Krankheiten verringert, weil oft kranke und verletzte Tauben erbeutet werden.

Auch aus diesen Überlegungen heraus wäre es sinnvoll, Nistkästen für Wanderfalken und Uhus anzubringen, um diese geflügelten Prädatoren vermehrt in die Städte zu locken. Nistkästen werden in der Regel von den Vögeln rasch angenommen. In einigen Städten kann man aufschlussreiche Beobachtungen zu den Beutegreifern und der Entwicklung der Stadttaubenbestände machen. Sinnvoll wäre es, ein Monitoring durchzuführen, um die ökologischen Wechselwirkungen und teilweise komplizierten Beziehungsgefüge der Stadttauben mit anderen Tieren zu erforschen.

FAZIT

Oft werden Probleme mit Stadttauben überbewertet und tatsächliche ökologische Wechselwirkungen mit anderen Tieren nicht richtig erkannt. Der Fokus in der urbanen Ökologie muss demnach auf alle Arten gelenkt werden, um einen gesamten Überblick zu bekommen. Das Ganze sollte aber stets mit viel Sachverstand und weniger menschlichem Eingreifen geschehen.

Dies ist ein sehr interessantes Forschungsfeld, welches sicherlich in Zukunft noch einige Überraschungen bereithält.

SERVICE

Prüfungsbericht Nr. 195.04 vom 26.08.2004, Technische Universität Darmstadt – Institut für Massivbau: **Einfluss von Taubenkot auf die Oberfläche von Baustoffen**

https://www.tierrechte.de/wp-content/uploads/2019/04/gutachten-baustoffe.pdf

Augsburger Modell
https://www.tierschutzverein-augsburg.de/ueber-uns/augsburger-stadttauben/

FARBVARIANTEN BEI STADTTAUBEN

BUNT, BUNTER,

Stadttauben sind einen genaueren Blick wert – nicht nur, wenn es um ihre zahlreichen Farbvarianten geht. Ihre Herkunft und Abstammung sind vielschichtiger, als man zunächst denken mag.

FOTO: ROMAN / STOCK.ADOBE.COM

STADTTAUBEN.

Seit Jahrhunderten ist die Stadttaube in urbanen Räumen zu Hause. Es gibt sie zwar in vielen Farbvarianten, doch sind diese eine Kombination aus nur wenigen Mutationen. Im Durchschnitt beträgt die Anzahl der Mutationen in den Stadttaubenpopulationen weniger als zehn.

TEXT UND FOTOS VON
HEIN VAN GROUW

Bei den Stadttauben in unseren urbanen Räumen gehen die Meinungen stark auseinander: Manche lieben sie, andere verabscheuen die Vögel. Liegt das an den differierenden Einstellungen zu Felsentauben (= natürlich), Haustauben (= künstlich) und Stadttauben (= Gesetzlose)? Oder liegt es vielleicht daran, dass sie keine einheimischen Wildvögel, sondern vielmehr das Ergebnis menschlicher Eingriffe in die Natur sind, was sie der Beachtung unwürdig macht?

Stadttauben leben tatsächlich in einer künstlichen Umgebung, wie die menschlichen Bewohner, die sie füttern. Was auch immer man über die Tauben denkt, Tatsache ist, dass wir seit Jahrhunderten unsere Städte mit ihnen teilen und die Vögel längst zum Stadtbild gehören. Doch wenn man bedenkt, dass ihr wilder Vorfahre, die Felsentaube (Columba livia), zu unserem Nutzen domestiziert wurde, verdienen sie es nicht, ignoriert oder gar gehasst zu werden. Daher gibt es in diesem Artikel zunächst einige historische Information sowie Hintergrundinformationen zu Stadttauben, um zu zeigen, dass diese Vögel etwas mehr Anerkennung und Respekt verdienen.

HERKUNFT

Entgegen der landläufigen Meinung stammen Stadttauben nicht von verirrten oder aufgelassenen Haustauben ab. Rassetauben beispielsweise haben kaum eine Chance, außerhalb der Sicherheit ihres Schlages lange zu überleben. Sie sind eine leichte Beute für Raubtiere und können ohnehin keine eigene Nahrung finden. Selbst wenn sie sich einem Schwarm Stadttauben anschließen, sind

Blau-gehämmert **ist die häufigste Variante bei Stadttauben.**

sie einfach nicht robust genug, um selbstständig zu überleben. Selbst Brieftauben leben selten lange und verwilderte Vögel vermehren sich häufig nicht erfolgreich.

WILDE VORFAHREN

In praktisch allen europäischen Städten stammen die ursprünglichen Taubenpopulationen fast ausschließlich von den Individuen aus alten Taubenschlägen ab. Das heißt, es handelt sich um halb domestizierte Vögel, die direkt von wilden Felsentauben abstammen.

Über die frühe Domestizierung ist nicht viel bekannt, aber archäologische Funde legen nahe, dass sie höchstwahrscheinlich vor 5.000 bis 10.000 Jahren im östlichen Mittelmeerraum begann. Man kann davon ausgehen, dass die Vögel anfangs zu uns kamen und dass die frühen Städte des Nahen Ostens möglicherweise auf natürliche Weise von wilden Felsentauben besiedelt wurden, welche die von Menschen errichteten Steingebäude wie zum Beispiel Tempelanlagen als geeignete Nistplätze ansahen. Hinzu kam, dass die von den Menschen angebauten Feldfrüchte, etwa Weizen, ebenfalls für die Felsentauben attraktiv gewesen sein müssen. Im Gegenzug dafür, entnahmen die Menschen wahrscheinlich die Eier und Jungvögel, um ihren Speiseplan zu bereichern. Um einen leichteren Zugang zu den Nestern zu erhalten, ermutigten sie die Tauben, in speziell für sie gebauten Strukturen zu nisten. Durch den Bau von Nistplattformen schufen die Menschen eine primitive Taubenschlagkultur und könnten so viel über das Fortpflanzungsverhalten und die Ökologie der Wildvögel gelernt haben. Der nächste Schritt könnte

Blau-schimmel mit Binden. **Aufgrund der Wirkung der Mutation – jede Feder ist eine Kombination aus weißen und farbigen Federn – sieht es aus, als wäre das Gefieder mit Frost bedeckt.**

darin bestanden haben, Tauben in einer eingeschränkteren Umgebung zu halten und sie selektiver zu züchten.

Ob sie die ersten waren, welche die Taube domestizierten, ist unklar, aber die Ägypter wussten sicherlich, wie man Tauben gewinnbringend hält und züchtet. Sie aßen die Eier und das Fleisch. Der Taubenkot wurde verwendet, um die trockenen Felder für den Anbau von Feldfrüchten zu düngen.

Über die Einführung von Tauben in Europa ist wenig bekannt, doch die Römer züchteten schon sehr früh Tauben. Vor allem Frankreich hat eine lange Tradition der Taubenhaltung, das Wissen dazu stammt wahrscheinlich aus der Zeit der römischen Besatzung. Diese Taubenschläge waren oft große turmartige Ziegelbauten mit zahlreichen Einflugsöffnungen, in denen die Vögel Platz zum Nisten fanden. Sie waren autark und fanden ihr Futter in der Umgebung. Andere Länder mit einer Taubenschlaggeschichte sind unter anderem Griechenland, Spanien, Portugal, Deutschland, die Niederlande oder England.

NATÜRLICH BIS BUNT

Ihrer Abstammung entsprechend, sehen Stadttauben den Felsentauben sehr ähnlich, haben aber oft einen proportional schmaleren Körper, einen längeren Schwanz, einen breiteren Schnabel und eine größere Wachshaut. Farblich können sie sich erheblich von den blauen Felsentauben unterscheiden. Gehämmert ist die häufigste Farbe bei Stadttauben, das ursprüngliche Blau dürfte wohl die zweithäufigste sein.

Blaugrau ist die natürliche Farbe der Felsentaube, mit zwei auffälligen schwarzen Binden auf den Flügeln und einer brei-

Blau mit Binden **ist die ursprüngliche Farbe der Felsentaube. Noch immer ist dieses Erscheinungsbild eines der häufigsten Kleider bei Stadttauben.**

Blau-dunkelgehämmert. **Selbst die dunkelste Taube hat immer einen grauen Schwanz mit einer schwarzen Endbinde.**

Die Mutation namens „Spread“ **verändert die Verteilung des schwarzen Pigments im Gefieder. Spread in Kombination mit einer blauen Taube führt stets zu einem vollständig schwarzen Gefieder.**

Leuzismus **kann in vielen verschiedenen Formen auftreten, von einem vollständig weißen Gefieder bis hin zu wenigen weißen Schwungfedern. In diesem Fall eine blau gefleckte Taube mit über 50 Prozent weißem Gefieder.**

ten schwarzen Schwanzendbinde. Der Bürzel ist oft weiß oder blassgrau. Der Hals und die obere Brust schillern grün-violett.

Individuen der Variante Gehämmert sehen aus wie die des ursprünglichen Typs Blau, aber die Flügelbinden sind breiter und der Rest der Flügeldecken zeigt ebenfalls schwarze Markierungen, was einen Sprenkeleffekt ergibt.

Es wurde immer angenommen, dass die Variante Gehämmert eine melanistische Mutation innerhalb der Art sei. Neuere DNA-Untersuchungen haben allerdings gezeigt, dass dieses Muster das Ergebnis einer frühen Hybridisierung mit der Guineataube (Columba guinea) ist. Diese attraktive Taube wurde in England bereits Ende des 19. Jahrhunderts gezüchtet und ist auch heute noch ein beliebter Volierenvogel.

Den Typ Gehämmert gibt es in zahlreichen Variationen: von nur leicht gefleckten bis hin zu dunkel gesprenkelten Individuen, bei denen der Flügel im angelegten Zustand schwarz erscheint, und auch der Rest des Gefieders ist bei diesen Tauben dunkler. Aber selbst bei Vögeln mit einem sehr dunklen Gefieder ist der Schwanz immer blau gefärbt und trägt eine schwarze Endbinde. Dies unterscheidet dunkel gesprenkelte Tauben von richtig schwarzen, bei denen der Bürzel sowie der Schwanz ebenfalls einfarbig schwarz sind.

Die letztgenannte Mutation ist eine andere Variante, die als „Spread" bezeichnet wird. Die deutsche Übersetzung dafür lautet Verteilung, Ausbreitung oder auch Streuung und verweist hier auf den Ausbreitungsfaktor der Farbe. Denn die Mutation Spread bewirkt eine veränderte Verteilung des Pigments Melanin anstatt einer Zunahme, daher sehen wir die Farbe als einfarbig schwarz statt grau.

Rotfahl **kombiniert** mit Leuzismus.

FARBMUTATIONEN

Neben Tauben des Typs Blau mit Binden und blau-gehämmerten Individuen gibt es bei Stadttauben viele andere Farbvarianten. Bemerkenswerterweise sind die häufigsten Abweichungen, die bei Wildvögeln vorkommen – Fortschreitendes Ausbleichen und Typ Braun – bei Stadttauben nicht oder kaum zu finden. Leuzismus hingegen kommt bei Wildvögeln selten vor, bei Stadttauben ist es die häufigste Ursache für weißes und geschecktes Gefieder. Eine besondere Form des Leuzismus, die unter Taubenzüchtern „Grizzle", auf Deutsch Schimmel, genannt wird, verursacht eine Mischung aus farbigen und weißen Bereichen in jeder Feder. Eine weitere Mutation bei Stadttauben, die bei kaum einer anderen Vogelart vorkommt, trägt die Bezeichnung „Ash-red" oder Rotfahl. Tatsächlich handelt es sich um eine weitere Mutation desselben Gens, das auch an der Mutation Braun beteiligt ist. Braun verringert die Qualität des Eumelaninpigments (schwarz), während das Phäomelanin (rötlich braun) unberührt bleibt. Bei Rotfahl fehlt das Eumelanin, infolgedessen wird das darunterliegende Phäomelanin sichtbar. Wie bei der Felsentaube ist das Phäomelaninpigment hauptsächlich in den Flügelmustern sowie dem Gefieder am Hals vorhanden, der Rest ist bei einer Rotfahltaube blass aschgrau getönt, daher der Name.

Alle Farbmutationen können auch kombiniert sein, zum Beispiel Rotfahl grob und fein gefleckt miteinander, was zu einer noch größeren Vielfalt unterschiedlicher Farben bei Stadttauben führt. Alle anderen Farben sind weniger verbreitet als die Formen mit blauen Binden und Blau-gehämmert, aber die Häufigkeit ihres Vorkommens ist in jeder städtischen Population unterschiedlich.

Die Mutation Rotfahl **verhindert die Bildung des schwarzen Pigments (Eumelanin), daher wird das rötlich braune Pigment (Phäomelanin) in den Flügeln und im Nacken, das normalerweise unter dem schwarzen Pigment verborgen ist, sichtbar. Teile des Gefieders wie die Schwungfedern und der Schwanz die normalerweise nur schwarzes Pigment enthalten, sind bei einer Rotfahltaube blass rotgrau.**

Rotfahl-dunkelgehämmert.

Rotfahl-gehämmert, **wobei das ursprüngliche rötlich braune Muster im Nacken und an den Flügeln zu sehen ist.**

Soldaten der Schweizer Armee im Jahr 1914/15 bei der Vorbereitung einer Meldung, welche per Brieftaube überbracht werden soll. Im Vordergrund ist ein zerlegbarer Ruhekäfig abgebildet.

FOTO: SCHWEIZERISCHES BUNDESARCHIV

TAUBEN IM DIENST DES MILITÄRS

FLIEGENDE BOTEN

FOTO: SCHANKZ / STOCK.ADOBE.COM

Mit der Felsentaube fing es an: Etwa 5000 vor Christus begannen mit ihrer Domestikation die Anfänge der Luftpost, denn mit ihrer Fähigkeit, zielsicher in den heimatlichen Schlag zurückzufinden, eignet sich die Taube zur Übermittlung von Nachrichten. Brieftauben sind daher ein besonderer Aspekt der Vogelkunde mit vielen faszinierenden und auch kuriosen Facetten. Als fliegende Boten standen Tauben lange Zeit in den Diensten von Nachrichtenagenturen, Feuerwehren und vor allem dem Militär.

TEXT VON
DR. STEFAN BOSCH

Reise- und Brieftauben stammen von der Haustaube ab. Ihr außergewöhnlich gutes Heimfindevermögen ist seit der Antike bekannt und war und ist immer noch Gegenstand der ornithologischen Forschung, denn bis ins letzte Detail ist dieses Phänomen nach wie vor nicht geklärt. Zur Orientierung nutzen Tauben – wie viele andere Zugvogelarten– neben dem Sichtflug wohl auch den Stand der Sonne, das Erdmagnetfeld und den Neigungswinkel der magnetischen Feldlinien (Inklination) sowie Gerüche von Landschaften.

Als zuverlässige Übermittler von Nachrichten fanden Tauben Eingang in die Geschichte. Noah entsandte Tauben aus der Arche, und was im Asterix-Comic als Gag gedacht ist, hat einen realen Hintergrund. Offenbar setzte Julius Caesar Brieftauben im Gallischen Krieg zur Kommunikation zwischen Atlantikküste und Rom ein. Bei den Kreuzzügen, in Waterloo und in beiden Weltkriegen spielten die geflügelten Boten ebenfalls eine Rolle.

Das Prinzip ist einfach: Man bringt Tauben aus ihrem Schlag an den Ort, von dem aus sie Nachrichten übermitteln sollen, und von dort fliegen sie zielsicher in ihren Heimatschlag zurück. Hinzu kommt, dass Tauben schnell fliegen und sich auf herausragende fliegerische Leistungen trainieren lassen. Beide Eigenschaften zusammen machen sie im militärischen Kontext interessant, besonders in früheren Zeiten, als moderne Kommunikationstechnik nicht verfügbar war und das Feldtelefon oder die Kabel- und Funktelegrafie noch in den Kinderschuhen steckten. Meistens wurden mehrere Tauben mit derselben Botschaft losgeschickt, um eine zuverlässige Nachrichtenübertragung zu garantieren.

IN DIENST DES MILITÄRS

Gurren, Flattern, Soldaten und Schläge mit Tarnbemalung – meine erste und einzige Begegnung mit einer mobilen Brieftaubeneinheit des Schweizer Militärs in den frühen 1990er-Jahren bleibt für mich eine bleibende Erinnerung. Ich staunte, dass ausgerechnet die als Friedenssymbol bekannte Taube hier für eine Armee tätig war. Und das in einer Zeit, in der schon damals viele Soldaten beim abendlichen Ausgang mit einem privaten Mobiltelefon kommunizierten. Aber dass das Militär auf die Taube setzte, hat eine lange Geschichte und gute Gründe.

Ausschlaggebend für die Einrichtung militärischer Brieftaubendienste war für viele Staaten die deutsche Belagerung von Paris im Jahr 1870/71. Mithilfe von Ballons und Brieftauben gelang es, trotz der Belagerung kontinuierlich mit der Stadt in Kontakt zu bleiben. Tauben übermittelten 40.000 mit mikrofotografischer Verkleinerung erstellte, kurze Briefnachrichten, sogenannte „Pigeongramme". Im Zivilbereich sollen Nachrichtenagenturen bereits um 1830 Brieftaubenlinien zwischen europäischen Großstädten unterhalten haben. Um 1850 benutzte Paul Julius Reuter von der gleichnamigen Nachrichtenagentur Brieftauben zwischen Brüssel und Aachen, die jedoch rasch von Telegrafie und Telefon abgelöst wurden. Auch für Feuerwehren flogen die gefiederten Boten und für Apotheken transportierten sie Rezepte und Medikamente.

Für militärische Zwecke hatten Tauben einige Vorteile. Sie waren unauffällig sowie weniger stör- oder sabotageanfällig als Boten oder Telefonleitungen und zudem abhörsicher. Sie überflogen unerkannt feindliche Linien, konnten in kritischen Situationen von der Front Nachrichten „nach hinten" übermitteln und blieben oft probater Ersatz und letztes Mittel, wenn alle anderen Techniken versagten oder nicht mehr nutzbar waren. Daher verwendeten im 19. und 20. Jahrhundert Militärs zunehmend Brieftauben, und der Bedarf war groß. In vielen Armeen etablierte sich ein Brieftaubenwesen mit strategisch verteilten Schlägen, Zuchtprogrammen und Berufsbildern wie dem Brieftaubensoldaten. Doch von der Truppe allein war diese Aufgabe kaum zu stemmen. Deshalb kam es frühzeitig zu einer engen Verzahnung von Militär und Zivilbevölkerung. Neben armeeeigenen Taubenstationen befand sich die größte Reserve in den Schlägen ziviler Züchter, die bereit waren, die Vögel zu halten und zu pflegen, zu trainieren und im Ernstfall dem Militär zur Verfügung zu stellen.

Einerkorb zum Umhängen zum Transport der Tauben. Rechts unten ist eine Brusthülse für großformatige Meldungen, Mikrofilme und Ähnliches abgebildet, wie sie bis um das Jahr 1940 noch im Einsatz war.

FOTO: MATTES / CREATIVE COMMONS

PRIVATE ZUCHTVEREINE

Um die private Taubenhaltung attraktiv zu machen, gründeten sich Vereine und „ornithologische Gesellschaften" zur Taubenzucht und für den Brieftaubensport. Sie wurden vom Staat für die Zucht einsatzfähiger Tauben gefördert. Das Ziel war neben einer Steigerung des Bestandes vor allem die Steigerung der Leistungsfähigkeit der Vögel. Dies wurde erreicht, indem Brieftaubenvereine und der Staat nicht nur für die Taubenhaltung zahlten, sondern auch Wettkämpfe, Leistungsschauen und Ausstellungen organisierten, Prämien und Belohnungen auslobten und Diplome, Urkunden und Ehrenmedaillen für herausragende Flugleistungen der Tauben verliehen. Im Deutschen Reich durften Taubenzüchter mit ihren Vögeln sogar kostenlos mit der Eisenbahn reisen.

Dem Brieftaubenwesen wurde in allen Ländern eine hohe Bedeutung beigemes-

sen, es war an höchster Stelle im Militär und Staat angesiedelt. In Deutschland stand es unter der Schirmherrschaft des Kaisers. Die Züchter waren in Vereinen und Verbänden organisiert, die eng mit dem Staat und Militär kooperierten und über die Haltung und Zucht wachten. Mit den staatlichen Anreizen erzielte man im Taubenbestand eine Selektion hin zu kontinuierlich fitten, durchtrainierten Tauben mit hoher Heimfindefähigkeit und Fluggeschwindigkeiten von 1.000 Metern und mehr pro Minute. In der Schweiz wurden Taubenstützpunkte strategisch über das Land verteilt eingerichtet und die Tauben auf speziellen Flugstrecken, den sogenannten „Korrespondenzlinien", trainiert.

In den Brieftauben verbanden sich für viele Zivilisten die Freude am Tier und Naturliebhaberei mit sportlichem Ehrgeiz, einer Portion Patriotismus und Identifikation mit der Armee. Die „Rennpferde des kleinen Mannes" wurden in weiten Kreisen der Bevölkerung populär, zu einem festen Lebensbestandteil und einem Beitrag zur Landesverteidigung. Allerdings kam auch immer wieder Kritik auf, der Staat finanziere den Züchtenden nur ihr Hobby.

Nach 1870 erlebten das Brieftaubenwesen und der Brieftaubensport vielerorts eine Blüte mit kontinuierlicher Weiterentwicklung in Sachen Zucht, Haltung, Organisation, Ausrüstung und Training. Die Zahl der im Zivilbereich verfügbaren Vögel stieg enorm. Um 1914 gab es in Deutschland 19.000 Züchter und 750.000 Tauben. Während die Alliierten die Vorteile der Brieftauben früh erkannten, unterschätzten die Deutschen diese Kommunikationsmöglichkeit lange. Zudem sorgte der Kriegsausbruch für Futtermangel, und da viele Züchter Opfer des Krieges wurden, fehlte es schnell an Expertise und Mitgliedsbeiträgen.

ROLLE IN DEN WELTKRIEGEN

Dass Tauben ein bedeutendes Hilfsmittel der Kriegsführung in beiden Weltkriegen waren, verdeutlichen folgende Zahlen: Im Ersten Weltkrieg sollen in Deutschland über 100.000, in Frankreich 150.000 Militärbrieftauben im Einsatz gewesen sein. Italien und Belgien unterhielten ebenfalls entsprechende Dienste.

Da Tauben immer noch verbreiteter waren als Funk- und andere Kommunikationsgeräte, kamen auch im Zweiten Weltkrieg nahezu bei allen Armeen Brieftauben zum Einsatz. In den USA sollen 30.000, bei der deutschen Wehrmacht 850.000 Tauben in Diensten gestanden haben. Die Briten setzten in der „Operation Columba" 17.000 Tauben im Auftrag ihrer Majestät ein, die teilweise entscheidende Informationen aus Nordfrankreich über den Kanal auf die Insel transportierten. Die Rückkehrquote bei der Operation war mit zehn Prozent allerdings eher gering. Berühmt wurde eine Taube namens Gustav, die am D-Day am 6. Juni 1944 als erste die Landung der Alliierten vermeldet haben soll. Für den Flug aus der Normandie benötigte der Täuberich fünf Stunden.

SPEZIELLE AUSRÜSTUNG

Für den Transport der Vögel im Feld wurden spezielle Transportmittel wie Behältnisse und Körbe entwickelt, mit denen die Flugboten zu Fuß, per Fahrrad, Motorrad, Auto, Pferd oder Hund sicher und geschützt an ihre Einsatzorte verbracht werden konnten. Für den Fall eines Giftgaseinsatzes gab es sogar „Gaskisten".

Ging man zunächst eher von Belagerungssituationen wie in Paris aus, zeigte sich im Ersten Weltkrieg, dass mobile, an die kämpfenden Einheiten gebundene Taubenschläge effektiver waren. Deutschland hatte hier zunächst Defizite und rüstete von zwei auf 500 Mobilschläge auf.

Nahezu alle militärischen Bereiche bedienten sich der Tauben oder testeten ihren Einsatz. Brieftauben wurden vom Boden, aus Booten, Schiffen, U-Booten, Panzern, aus Flugzeugen und Heißluftballons aufgelassen oder am Fallschirm abgeworfen. Für die zu übermittelnden Botschaften gab es kleine Depeschenbehälter aus Aluminium, die an den Beinen, Schwanzfedern, dem Rücken oder der Brust befestigt wurden. In ihnen wurden kleine Notizzettel und in jüngerer Zeit auch Datenträger transportiert. Sogar

Links: Schweizer Soldaten um 1917 beim Rapport der überbrachten Nachrichten. In dem speziell auf die Bedürfnisse der Vögel abgestimmten Wagen gab es Platz für 25 Taubenpaare – Sitzlatten und Nistzellen sowie Fenster inklusive.
Rechts: Patrouillenkorb mit vier Brieftauben für Radfahrer und Gebirgstruppen, wie sie um 1917 in der Schweizer Armee Verwendung fanden.

FOTOS: SCHWEIZERISCHES BUNDESARCHIV

kleine automatische Kameras band man den Vögeln um, um Aufnahmen feindlicher Stellungen und Truppenbewegungen anzufertigen – Brieftauben waren die ersten lebendigen Aufklärungsdrohnen. Ein Pionier in der Technik der Taubenfotografie war bereits vor den Kriegen der Kronberger Apotheker Julius Neubronner, der genau wissen wollte, wo seine Tauben unterwegs waren.

SPIONAGE UND LUFTFEINDE

Aber die Tauben hatten es nicht nur mit militärischen Gegnern zu tun. In den Reihen der Taubenvereine gab es bald Versuche der Spionage und Sabotage, denen man in allen Ländern mit Vorgaben und Gesetzen beizukommen versuchte: Strenge Reglements verboten es in der Schweiz Ausländern, in Taubenzuchtvereinen aktiv zu sein, ausländische Tauben durften nicht aufgelassen werden und ein Transport oder Versand von Brieftauben ohne Nachweise und Dokumente war verboten und unter Strafe gestellt.

Ein weiterer Feind der Taube war ebenfalls schnell ausgemacht: Greifvögel. Habicht, Sperber und Wanderfalke sorgten für teils erhebliche Verluste und das Militär verlangte für die Sicherheit seines gefiederten Nachrichtendienstes die Dezimierung der Luftfeinde. Mit ihrer Jagd- und Lebensweise profitierten die Greifvögel vom anwachsenden Taubenbestand und avancierten zum Staatsfeind und Sicherheitsrisiko in der Landesverteidigung. Noch heute im kollektiven Gedächtnis verankerte Antipathien mögen auch hier einen Ursprung haben. Abschussprämien wurden ausgelobt und Singvogelschützer versuchten, gleich noch die Rabenvögel mit ins Visier zu nehmen. Es entbrannten hitzige Diskussionen zwischen Militär, Jägern, Naturschützern und Taubenzüchtern. Andererseits setzte das Militär gezielt Greifvögel gegen feindliche Brieftauben ein.

SCHWEIZER MILITÄRTAUBEN

Ein ausgeprägtes Brieftaubenwesen entwickelte sich in der Schweiz, dessen Geschichte in einem Buch von Carl Hildebrandt detailreich aufgearbeitet wurde. Aufgrund der geografischen Lage mussten die Schweizer Tauben besondere Qualitäten aufweisen. Deshalb spricht man noch heute von den herausragenden Eigenschaften der „Columba militaris helvetica“: Sie sei robust, ausdauernd, genügsam, witterungsbeständig, habe höchste Heimkehrquoten, flöge hohe Geschwindigkeiten, sei gebirgstauglich und zudem umweltfreundlich. Mit den „selbstreproduzierenden Kleinflugköpern auf biologischer Basis“, wie die Tauben im militärischen Fachjargon bezeichnet wurden, wurde intensiv gearbeitet, unter anderem an der Gebirgs- und Nachtflugtauglichkeit oder dem Zweiwegeeinsatz. Die einzige Einschränkung für erfolgreiche Flüge war das Wetter mit Niederschlägen und Nebel.

HOHE EHRUNGEN

Ein weiteres Kuriosum sind die Auszeichnungen. Solche erhielten nicht nur die Züchtenden, sondern auch die Tauben selbst. In manchen Ländern war es üblich, besonders verdiente Vögel auszuzeichnen, wenn sie wertvolle oder lebensrettende Nachrichten überbracht hatten. In Frankreich wurden Tauben mit einer der höchsten Auszeichnungen, dem „Croix de Guerre“ bedacht und in den USA wurde die Taube Cher Ami in die „Racing Pigeon Hall of Fame“ aufgenommen. Denkmäler zu Ehren der geflügelten Boten errichtete man unter anderem in Berlin-Spandau, Castrop-Rauxel, Lille (Frankreich) und Charleroi (Belgien).

KRITISCHE BETRACHTUNG

Vögel stehen für Freiheit, Leichtigkeit und Unbeschwertheit. Nicht ohne Grund genossen die Militärbrieftauben größte Beliebtheit und Popularität und waren sich

Soldaten der Schweizer Armee lassen zuvor mit einer Depesche bestückte Brieftauben frei.

in jüngerer Zeit einem konstant hohen Medieninteresse gewiss. Auch ich unterlag auf den ersten Blick diesem Charme. Doch bei aller Faszination und Begeisterung darf man nicht darüber hinwegsehen, dass vom fliegenden Friedenssymbol überbrachte Botschaften zwar für den Absender äußerst nützlich oder gar lebensrettend waren, auf der gegnerischen Seite aber nicht selten Leid, Verwundung und den sicheren Tod bedeuteten.

Des Weiteren gilt es, das Wohl der Vögel unter Tierschutzaspekten zu bedenken. Im Einsatz wurden Brieftauben häufig Opfer von Beschuss und kehrten nicht selten verletzt oder überhaupt nicht zurück. Sie verirrten sich, landeten geschwächt und fielen Beutegreifern zum Opfer oder wurden als Sonntagsbraten erlegt. Beim Training der Tauben war man zudem nicht zimperlich: Um das Heimkehren zu optimieren, wurden ihnen Sexualpartner und/oder das Futter entzogen oder mit einer „Futterdressur" gearbeitet. Und mit Tauben, welche die gewünschten Superleistungen nicht brachten, machte man kurzen Prozess.

Gestrandete Brieftauben gesellen sich auch heutzutage mitunter zu den Straßentauben und vergrößern deren Zahl und die damit verbundenen Probleme in Städten und Dörfern.

ENDE DER MILITÄRZEIT

Im letzten Jahrhundert beendeten viele Staaten ihre militärische Zusammenarbeit mit den Vögeln. Bei den Briten war das bereits im Jahr 1948. In der Schweiz fielen die legendären Brieftauben bei der Armeereform 1995 Sparmaßnahmen zum Opfer. Die Ankündigung, nach 77-jährigem Bestehen den Dienst auflösen und damit jährlich 600.000 Schweizer Franken einsparen zu wollen, traf die Eidgenossenschaft im Innersten: Es folgten große Enttäuschung, viele erboste und entrüstete Reaktionen, das Fernsehen sprach gar von einem „Taubenkrieg" und es drohte eine Volksinitiative, welche die Verwendung von Armeebrieftauben in der Verfassung festschreiben wollte. Dazu kam es jedoch nicht, die über 30.000 Tauben wurden „abgewickelt" und im Konsens mit dem Brieftaubenverband wurde eine Stiftung gegründet, welche den „wissenschaftlich fundierten Brieftaubensport" zur Aufgabe hat.

Aktuell sollen noch einzelne Armeen über Brieftauben verfügen, etwa China mit über 10.000 Vögeln. Als 2015 der NSA-Abhörskandal die Welt und das Vertrauen in die Abhörsicherheit erschütterte, soll mancherorts sogar über die Reaktivierung eines gefiederten Nachrichtendienstes nachgedacht worden sein.

LITERATUR

Hildebrandt, C. (2001): Gefiederte Kuriere. Der Brieftaubendienst der Schweizer Armee 1917–1994. Eigenverlag Hildebandt, Wabern

Heinrich, B. (2016): Der Heimatinstinkt. Das Geheimnis der Tierwanderung. Naturkunden No. 26, Berlin

Sudholt, E. (2016): Wie die Brieftaube G.I. Joe die US-Army rettete. www.welt.de

N.N. (2024): Der Einsatz von Brieftauben für militärische Zwecke. Über den Einsatz von Brieftauben als Nachrichtenboten von Kaiser Wilhelm I./II. https://www.brieftauben-historiker.de/brieftaube/brieftauben-im-militär

Nicolussi, R. (2013): Die Nachkommen der letzten Armee-Brieftauben. Neue Zürcher Zeitung 2.3.2013

Tribelhorn, M. (2019): Ausgegurrt – weshalb die Schweizer Armee ihre Brieftauben ausmusterte. Neue Zürcher Zeitung 23.9.2019

Mehlhorn, J., Rehkämper, G. (2009): Neurobiology of the homing pigeon – A review. The Science of Nature 96(9):1011–25

Lipp, H.P., Frei, U. (1982): Variations of Nocturnal Homing Performance in Pigeons. In: Papi, F., Wallraff, H.G. (eds) Avian Navigation. Proceedings in Life Sciences. Springer, Berlin, Heidelberg

https://www.spiegel.de/geschichte/zweiter-weltkrieg-brieftauben-als-geheimkuriere-der-briten-a-1259768.html

FOTOS: SCHWEIZERISCHES BUNDESARCHIV

Brieftauben sind ein populäres Beispiel dafür, wie der Mensch die besonderen Eigenschaften einer domestizierten Wildtierart zu hoch spezialisierten Aufgaben für seine Zwecke einsetzt. Die Geschichte zeigt, dass die gefiederten Mitarbeiter nicht nur in der Schweizer Armee ein Faszinosum, Kuriosum und Politikum zugleich waren.

Eine neue, ebenfalls nicht unumstrittene, aber dem Friedenssymbol auf jeden Fall gerechter werdende Aufgabe der Brieftauben ist ihr Einsatz als Anlasstauben bei Hochzeiten oder anderen Feiern. Dabei werden bevorzugt schneeweiße Tauben aufgelassen, die dann zielsicher wieder zu ihrem Schlag zurückfliegen.

Die zu übermittelnden Nachrichten wurden in eigens entwickelten, kleinen widerstandsfähigen Behältnissen untergebracht wie in diesem Fall einer Hülse aus Aluminium, die am Bein der Taube angebracht wurde.

POPULATIONSMANAGEMENT IN BERN

GELUNGENES KONZEPT

Die Stadt Bern in der Schweiz steht als UNESCO-Weltkulturerbe nicht nur für ihre historische Altstadt und ihre kulturellen Schätze, sondern auch für die Herausforderungen des urbanen Lebensraums. Eine dieser Herausforderungen ist die Stadttaubenpopulation, die 1990 ihren Höhepunkt von ungefähr 10.000 Vögeln erreichte.

TEXT UND FOTOS VON
MERET HUWILER

Diese hohe Zahl der Stadttauben hatte erhebliche Auswirkungen auf den öffentlichen Raum: Der Taubenkot verschmutzte nicht nur historische Gebäude und Denkmäler, sondern verursachte auch Schäden an Fassaden und in Parkanlagen. Besonders schwierig waren die zunehmenden Auswirkungen auf den öffentlichen urbanen Raum, die sowohl die Lebensqualität der Bewohnerinnen und Bewohner als auch das touristische Image der Stadt belasteten. Daher musste die Stadtverwaltung Bern eine Lösung finden, welche die Gesundheit und den Zustand der Stadttauben, aber auch die Bedürfnisse der Einwohnerinnen und Einwohner berücksichtigte. Die Herausforderung bestand darin, eine wissenschaftlich fundierte, tierschutzgerechte und nachhaltige Methode zu finden, die zugleich die Akzeptanz der Stadttaube in der Bevölkerung fördert.

Ende 2010 beschloss der Gemeinderat der Stadt Bern, ein neues Taubenkonzept zu etablieren. Der Auftrag und die Umsetzung wurden dem Tierpark Bern, dem letzten öffentlich-rechtlichen Zoo der Schweiz und somit Teil der Stadtverwaltung Bern, übergeben. Das Ziel war klar: Die Stadt Bern sollte dauerhaft einen gesunden, kontrollierten und zahlenmäßig limitierten Taubenbestand haben und betreuen.

Im Juni 2011 gründete der Tierpark Bern offiziell „Tauben Bern“, eine für die Stadttauben zuständige Abteilung, die mit der Aufgabe des Aufbaus eines neuen Taubenkonzepts betraut wurde. Die Grundprinzipien dieses Konzepts beruhen auf einer ganzheitlichen Betrachtung der Faktoren, welche das Wachstum und die Gesundheit der Taubenpopulation beeinflussen. Zentral ist dabei die nachhaltige, wissenschaftlich basierte und ethisch vertretbare sowie tierschutzkonforme Populationsregulation der Vögel. Um dieses Ziel zu erreichen, greift das Team zu verschiedenen Maßnahmen.

BETREUTE TAUBENSCHLÄGE

Seit 2011 wurden acht Taubenschläge in der Stadt Bern eingerichtet. Diese dienen als zentrale Anlaufstellen, in denen die Vögel artgerechtes Futter erhalten und einen kontrollierten Platz zum Nisten finden. Durch das artgerechte Futter in den Taubenschlägen hat der getrocknete Kot eine bröckelige Konsistenz, wodurch die Reinigung relativ einfach ist im Vergleich zum schmierigen Kot von Tauben, die sich von fettigem und nicht geeignetem Futter ernähren.

Zum Nisten werden Nistschalen sowie Tabakstängel, die eine antibakterielle und antiparasitäre Wirkung haben, zur Verfügung gestellt. Weiter wird in den Schlägen Grit (kleine mineralische Steine, die Vögel unter anderem zum Mahlen der Nahrung im Kropf aufnehmen) angeboten, welches die Vögel mit ausreichend Mineralstoffen versorgt und hilft ihren Kalkhaushalt zu regulieren.

Dank der Taubenschläge halten sich kleine bis mittelgroße Taubenschwärme an kontrollierten Orten auf, sodass die Population und deren Gesundheit gut überwacht und versorgt werden kann.

MEDIZINISCHE BETREUUNG

Die Berner Stadttauben werden konstant medizinisch überwacht. Neben den regelmäßigen physischen und optischen Kontrollen, Behandlungen gegen Ekto-

FOTO: DANGUBIC / STOCK.ADOBE.COM

und Endoparasiten gehört zum Gesundheitsmanagement auch die jährliche Impfung gegen Paramyxovirose dazu. Dies ist eine auch als „Taubenpest“ bekannte, hoch ansteckende Krankheit, die durch einen Virus ausgelöst wird. Die Übertragung erfolgt von Taube zu Taube über die Schleimhäute der Atemwege oder den Verdauungstrakt durch infiziertes Futter und Trinkwasser. Sogar durch kontaminierten Staub und die Eier kann das Virus übertragen werden. Erkrankte Tauben zeigen unter anderem zentralnervöse Symptome wie Orientierungslosigkeit, Kopfverdrehen und Lähmungserscheinungen. Dies führt dazu, dass die kranken Vögel kein Futter oder Wasser mehr aufnehmen können und in den meisten Fällen sterben. Da die Paramyxovirose nicht behandelt werden kann, ist die Impfung die einzige wirkungsvolle Maßnahme, um die Tauben vor dieser Krankheit zu schützen.

POPULATIONSKONTROLLE

Das Kernstück des Berner Taubenkonzepts liegt in der wissenschaftlich fundierten Methode der Populationskontrolle. In einer vierjährigen veterinärmedizinischen Doktorarbeit von Dr. vet. med. Elisabeth Heiderich wurde diese wissenschaftlich erhoben und etabliert. Dabei werden die männlichen Tauben unter Vollnarkose endoskopisch sterilisiert. Im Vergleich zu einer Kastration, bei der die Hoden entfernt werden, werden hierbei nur die Samenleiter durchtrennt, sodass die Täuber hormonell aktiv bleiben und ihr natürliches Verhalten behalten. Daher findet weiterhin eine Paarbildung und -bindung statt, der Nestbau, die Eiablage und das Territorialverhalten bleiben erhalten. Die sterilen männlichen Tauben behalten so ihre ökologische Nische, ohne dass es Nachkommen gibt, und sie sorgen dafür, dass keine neuen Tauben einfliegen.

Die Reproduktionsrate der Tauben wird regelmäßig überwacht, indem die Gelege kontrolliert werden, sobald die Tauben mit dem Legen beginnen. Befruchtete Eier werden durch Gipsattrappen ersetzt, um den Fortpflanzungszyklus der Tauben so zu unterbrechen, dass die Vögel ungestört brüten können, gleichzeitig aber sichergestellt wird, dass es keine Nachkommen gibt. Unbefruchtete Eier werden nach dem Ende der Brut, wenn die Tauben das Nest verlassen haben, fachgerecht entsorgt. Jedes gelegte Taubenei wird gezählt. Anhand der erhobenen Daten können wissenschaftliche Erkenntnisse gewonnen werden.

TAUBENZÄHLUNGEN

Zur Überprüfung des Erfolgs des Konzepts werden die Berner Stadttauben einmal jährlich gezählt. Dies hilft, die Populationsdichte genau zu erfassen. Die Zählung dient jedoch nicht nur der Kontrolle des Bestandes, sondern ist gleichzeitig ein Beteiligungsprojekt für die Bevölkerung. Freiwillige Helferinnen und Helfer, darunter auch Schulklassen, die zuvor einen Kurs zur Biologie der Tauben und den Grundprinzipien des Taubenkonzepts der Stadt Bern angeboten bekommen, zählen die Vögel in einem festgelegten Raster. Um die wissenschaftlichen Vergleichbarkeit zu gewährleisten, findet die Zählung jedes Jahr im September statt. Der Taubenbestand der Stadt Bern hat sich seit der Einführung des Konzepts stabilisiert und liegt seit 2012

Taubenschlag in der Kirche. Hier finden die Vögel unter anderem auch Nistmöglichkeiten.

konstant zwischen 1.000 und 1.500 Individuen, was als ein gesundes und tragbares Niveau gilt.

POSITIVE BILANZ

Das Taubenkonzept der Stadt Bern ist nicht nur eine Maßnahme zur Bestandskontrolle der Stadttauben, sondern auch ein Beispiel für ein gelungenes Zusammenspiel von Tierschutz, Wissenschaft und gesellschaftlicher Akzeptanz. Es verdeutlicht, dass es möglich ist, mit einer verantwortungsbewussten und langfristigen Strategie, den Bedürfnissen der Tiere sowie den Anforderungen der Stadt gerecht zu werden. Der Erfolg dieses Konzepts zeigt sich einerseits in der stabilen Taubenpopulation und andererseits in der positiven Einstellung der Bevölkerung gegenüber den Tauben. Sie sind nicht länger nur ein Ärgernis, vielmehr werden die Vögel als Teil der urbanen Fauna akzeptiert und respektiert. Mit diesem Konzept hat die Stadt Bern eine funktionierende Lösung für das Taubenproblem gefunden, aber auch ein Modell für andere Städte geschaffen, die vor ähnlichen Herausforderungen stehen.

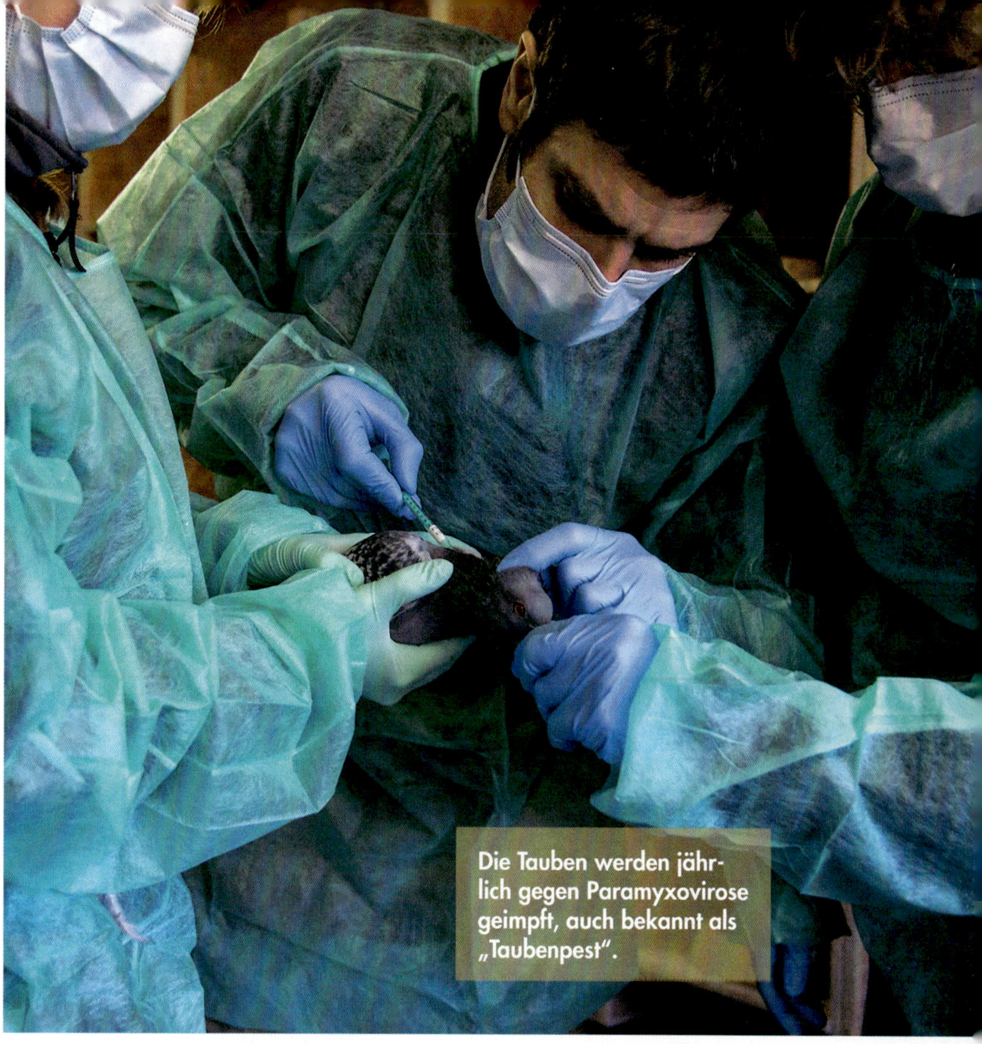

Die Tauben werden jährlich gegen Paramyxovirose geimpft, auch bekannt als „Taubenpest“.

SERVICE

Weitere Informationen zum Projekt:
Tauben Bern
Telefon: +41 79 3634788
E-Mail: taubenbern@bern.ch

https://tierpark-bern.ch/tiere/stadttauben/

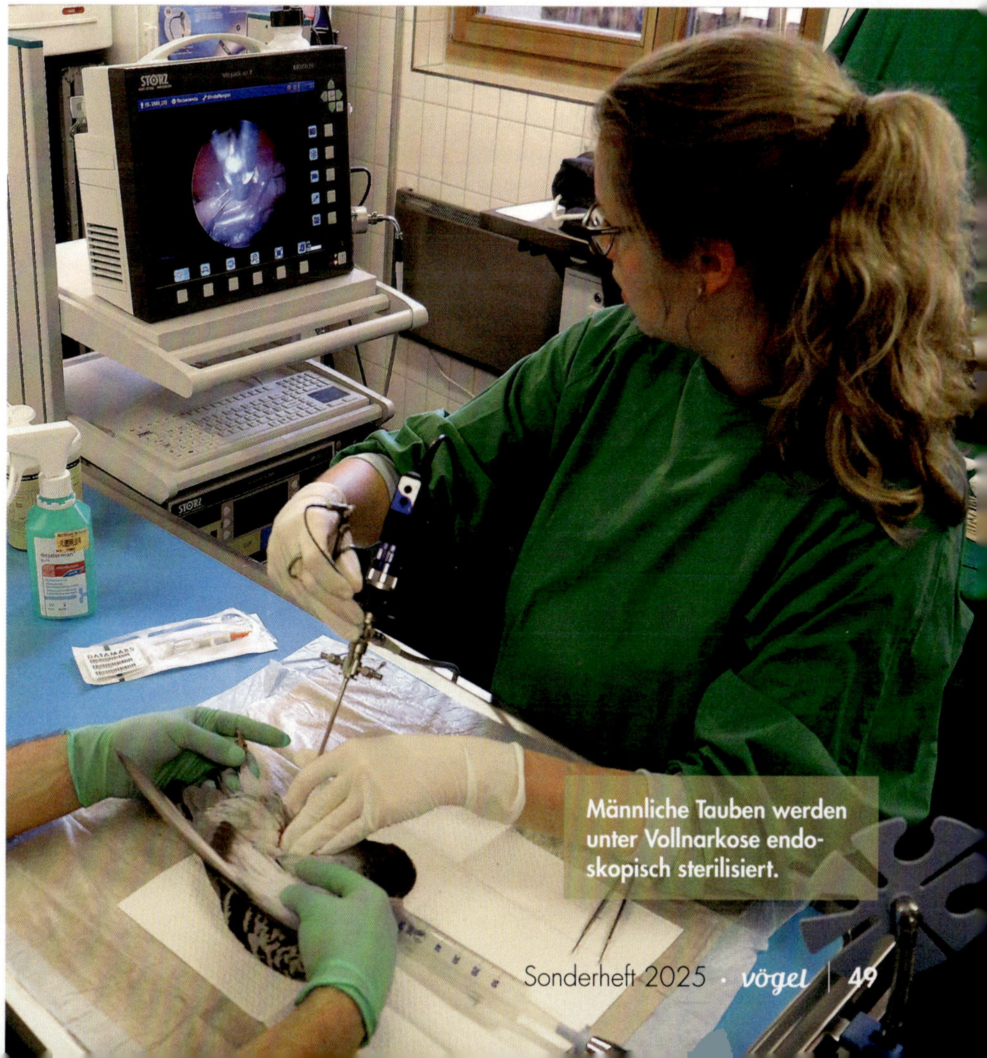

Männliche Tauben werden unter Vollnarkose endoskopisch sterilisiert.

HABEN TAUBEN ANGST VOR KRÄHEN?

TAUBENSCHRECK

Seit einiger Zeit sind sie in Mode: Krähen aus Plastik auf dem Dachgiebel oder auf dem Balkongeländer. Sie werden als Taubenschreck verkauft. Wenn man jedoch weiß, wie Vogelscheuchen in der Landwirtschaft wirken, bezweifelt man allerdings deren Wirkung.

TEXT VON
HANS-HEINER BERGMANN

Da stehen sie nach vollbrachter Tat. Die Besitzer tarnfarbener Outfits haben es wieder einmal fertiggebracht. Aus dem am Vortag aufgestellten Tarnzelt haben sie seit der Morgendämmerung ihre Flinten betätigt. Vor ihnen liegt die Strecke. Es sind wohl 20 schwarze Vögel, schön in Reihen geordnet: 20 Rabenkrähen wurden aus der freien Wildbahn entnommen. Obwohl sie geschützte Singvögel sind, gab es für das Massaker eine Ausnahmegenehmigung der Naturschutzbehörde – aus Naturschutzgründen. Weil sie angeblich das Niederwild und die Wiesenbrüter dezimieren. Man ist mächtig zufrieden mit dem Wochenendergebnis. Und vielleicht freuen sich ja die Bauern; zumindest, wenn sie Einnahmen aus der Jagdpacht zu verzeichnen haben.

ALS LOCKMITTEL

Ganz von selbst haben sich die Krähen jedoch nicht in die Schusslinie der Schützen begeben. Sie anzulocken, das funktioniert nur mit einem Trick. Auf der Wiese vor dem Versteck verteilt konnte man schon am Tag vor dem Geschehen eine Menge schwarzer Vögel sehen. Nur waren sie nicht das Ziel der Jäger. Bei genauem Hinsehen bewegten sie sich nicht. Vielmehr handelte es sich um schwarze Attrappen aus Kunststoff; dennoch wirkten sie auf die Ferne sehr naturnah – offenbar auch für die Krähen, die sich von ihnen anziehen ließen. Jedenfalls kurzfristig: Schon einen Tag später würde das nicht mehr funktionieren. Wenn es geknallt hat, dann wissen die Krähen Bescheid. Die Lockwirkung der Attrappen ist schnell vorbei. Ob ihre Scheuchwirkung nachhaltiger ist?

Balz der Haustauben: Daraus werden mehr als bisher. Kann man mit Krähenattrappen dagegen etwas ausrichten?

FOTO: HANS-HEINER BERGMANN

Keine Angst, im Gegenteil: Die Haustaube hat sich die Krähenattrappe als Sitzplatz ausgesucht.

FOTO: H. SCHWEIGER

ZUR ABSCHRECKUNG

Mitten in der Stadt sitzt auf dem Balkongeländer eine Krähe. Sie ruht dort schon eine ganze Weile. Doch wenn man sie länger betrachtet, merkt man: Der Vogel ist unbeweglich. Er ist aus Plastik. Krähen sind jetzt Mode in der Stadt. Der eine hat sie auf dem Balkon, der andere auf dem Dachfirst. Es handelt sich nicht um Jäger, die sich die Krähe besorgt haben. Man holt sie sich auch nicht beim Jagdausrüster. Jedermann kann sie im Supermarkt kaufen, im Gartencenter oder im Kramladen, für fünf Euro das Stück oder ein bisschen mehr. Die Verkäuferin sagt: „Die Leute kaufen sie wie verrückt. Wir haben schon ein paarmal nachbestellt."

Man will mit dem Plastikmodell nicht etwa Krähen anlocken. Das Rätsel löst sich, wenn man liest, was der Krähe beigegeben ist: „TAUBENSCHRECK" steht da in Großbuchstaben auf dem Etikett. Die Krähe soll die Tauben vertreiben, damit sie nicht Schmutz und Federn hinterlassen können, vor allem keinen Kot auf dem Gebäude und dem Auto; oder gar Krankheitskeime. Der schwarze Plastikvogel ist mit Spieß und Haken ausgerüstet, womit man ihn sowohl am Boden befestigen als auch im Baum aufhängen kann. Beine hat er auch, um normal zu stehen.

DIE WIRKUNG

Da fragt man sich: Haben Tauben wirklich Angst vor Krähen? Vor Jahrzehnten beobachtete man in Polen eine Massenentwicklung von Ringeltauben. In Breslau brüteten in jedem Baum zwei Paare. Das dauerte nicht lange. Früher oder später war das Nahrungsangebot in den Taubennestern von den Saatkrähen entdeckt worden, die in die Stadt zogen und Eier und Jungvögel nutzten. Heute ist die Taubenpopulation dort normal. Mag sein, dass die Tauben Ängste vor den Krähen entwickelt haben. Vielleicht haben sie manches Nest verlassen, wenn sich ihnen die Krähen genähert haben. Aber die waren immerhin lebendig.

Man kann leicht vorhersagen, dass eine Attrappe allenfalls am Anfang eine der beabsichtigten Wirkungen erzielt. Wo Tauben gefüttert werden, finden sich auch Krähen ein und laufen neben den Tauben herum. Die Tauben zeigen keine Angst vor ihnen. Am Futterplatz für Meisen und Spatzen herrscht nach wie vor Betrieb, selbst wenn dort Dohlen und Elstern zu Besuch kommen, manchmal auch Krähen, alle lebendig. Hat man nicht sogar auf einer der Plastikkrähen eine Taube gesehen?

Oder noch weitergehend: Wenn eine Wiese voller Plastikkrähen den anfliegenden Artgenossen Tod und Verderben bringt, werden die klugen schwarzen Vögel sehr schnell lernen, den Platz zu meiden. Deswegen geht das auch nur einmal an dieser Stelle. Eine Taube, die einen Lieblingsschlafplatz hat, wird diesen sicher anfangs meiden, wenn dort eine lebendige Krähe sitzt. Sobald die Taube aber merkt, dass die Krähe tot ist, kalt und unbeweglich, wird sie sich nicht mehr darum kümmern. Krähen können lernen, Tauben auch. Krähen lernen, dass die Attrappen gefährlich sein können, Tauben lernen, dass sie harmlos sind.

Fragt sich nur, was der Taubenfeind tut, wenn die künstliche Krähe und ihre Genossen anfangs viele Krähen nach sich ziehen, ohne Jagd. Krähenkot auf dem Autolack dürfte auch nicht besser sein als Taubenkot, wie man von den Saatkrähenkolonien in der Stadt weiß. Es sollte also spannend sein, nicht nur blind zu glauben, sondern zuzusehen, was passiert. Was macht es wirklich, wenn man eine oder zwei oder mehr Attrappen in seinem Garten postiert, auf dem Balkon oder am Parkplatz? Kommen die Nachbarkrähen herbei? Werden die Tauben fernbleiben? Beobachtungen sind gefragt.

Immerhin: Vielleicht werden die lebendigen Krähen, wenn sie denn einmal Tauben verjagt haben sollten, auf diese Weise den Menschen vertrauter, sozusagen als Helfer in Haus und Garten. So wie es vor Jahren in Polen geschehen ist. Vielleicht nicht nur als schwarze Attrappen, sondern wirklich lebend, als kluge Mitgeschöpfe in unserer Umwelt, denen wir Respekt zollen sollten. Dann müssen wir auch nicht mehr versuchen, mit der Flinte die Krähen zu „regulieren", um Ordnung zu schaffen in der Natur.

Auch Tauben sind Mitgeschöpfe. Wir sollten es uns ersparen, sie mit versuchter biologischer Schädlingsbekämpfung zu konfrontieren. Vernünftig ist es schon, nicht durch stete Fütterung zu viele Tauben ins Leben zu rufen und ihnen nachher mit ungeeigneten Mitteln zu Leibe zu rücken.

Ringeltauben nisten meist in Bäumen oder hohen Sträuchern. Das Gelege besteht aus zwei Eiern, die von beiden Partnern bebrütet werden.

DIE RINGELTAUBE

EIN ERFOLGS-MODELL

Dank ihrer großen Anpassungsfähigkeit ist die Ringeltaube die erfolgreichste heimische Taubenart. Sie gehört laut dem Dachverband Deutscher Avifaunisten (DDA) sogar zu den Top 10 der deutschen Brutvogelarten mit über einer Million Paaren, und das bei einem positiven Bestandstrend – keine Selbstverständlichkeit heutzutage.

TEXT UND FOTOS VON
STEFAN PFÜTZKE
GREEN-LENS.DE

Keine ungewöhnliche Szene mitten in der Stadt: 5 Uhr morgens an einem Hochsommertag, aus einem Busch klingt ein vertrautes, mehrsilbiges Geräusch: „du-duuh – du-duuh du". Kurze Zeit später wird in der Nähe ein zur Abkühlung des Schlafzimmers geöffnetes Fenster zugeknallt – jemand ist von dem Balz- und Reviergesang der Ringeltaube geweckt worden und wünscht das Tier vermutlich sonst wohin. Ähnlich mag es dem Autobesitzer gehen, der zwei Stunden später feststellen muss, dass sein geliebtes Fahrzeug, das er unter einem Baum geparkt hatte, nun über und über mit Vogelkot beschmutzt ist, da eine Ringeltaube just darüber ihren nächtlichen Schlafplatz gewählt hatte.

Dies mögen zwei Gründe sein, warum sich an Tauben generell die Geister scheiden, unabhängig davon, um welche Art es sich handelt, da vermutlich für annähernd 99 Prozent der Betroffenen eine Taube eben eine Taube ist und keine Differenzierungen in Arten vorgenommen werden. Doch wer sich mit der Ringeltaube, dem mit Abstand häufigsten wild lebendem Vertreter der Taubenfamilie in Mitteleuropa, beschäftigt, wird feststellen, dass diese neben den „nervigen" auch viele bemerkenswerte Eigenschaften aufweist, besonders im Hinblick auf ihre Anpassungsfähigkeit.

KENNZEICHNENDES WEISS

Doch bevor wir uns diesem Aspekt widmen, soll die Ringeltaube genauer vorgestellt werden. Im Vergleich zu den anderen drei heimischen Taubenarten – Hohl-, Turtel- und Türkentaube, aber auch den verwilderten Haustauben – ist sie auffällig größer und kräftiger gebaut. Die Ringeltaube erreicht eine Körperlänge von 40 bis 42 Zentimetern, ihre Flügelspannweite beträgt 75 bis 80 Zentimeter und sie wird 325 bis 690 Gramm schwer. Der Körper wirkt plump und im Verhältnis zu diesem besitzt die Ringeltaube einen recht kleinen Kopf. Der Schwanz ist hingegen ziemlich lang.

Männchen und Weibchen sehen annähernd gleich aus: Der Kopf sowie der Rücken sind blaugrau getönt, die Schwanz- und Flügelspitzen sind dunkel gefärbt. Im Schwanz befindet sich vor der dunklen Spitze eine helle Subterminalbinde, sodass sich auf den Federn ein dreifarbiges Muster ergibt. Die Brust ist grau-rosa. Die gelbe Iris der Vögel kontrastiert auffällig zur schwarzen Pupille.

Ein wichtiges Merkmal für die Bestimmung der Art sind die weißen Halsflecken. Der Nacken schillert grünlich. Im Flug erkennt man auf den Flügeln weiße Querbänder, die der Taube vermutlich ihren Namen eingebracht haben – nicht die hellen Flecken am Hals, wie oft fälschlicherweise angenommen wird. Die Querbänder sind ebenfalls ein sehr gutes Unterscheidungsmerkmal zur Hohl- und Haustaube, die keine derartige weiße Zeichnung auf den Flügeln zeigen.

Unverkennbar ist der Ruf der Ringeltaube, bestehend aus einer dumpfen rhythmischen, gurrenden Strophe mit wiederholten vier- oder fünfsilbigen Motiven: „du-duuh – du-duuh du".

KLATSCHENDER REVIERFLUG

Die Männchen der Ringeltaube haben einen imponierenden Revierflug. Dieser erfolgt meist von erhöhten Warten aus. Mit raschen Flügelschlägen steigt der Täuberich zunächst in einem immer steiler werdenden Bogen aufwärts, wobei er unmittelbar vor dem Kulminationspunkt meistens ein- bis dreimal zunehmend lauter klatschend die Flügel über dem Rücken zusammenschlägt. Anschließend lässt er sich mit gefächertem Schwanz und ausgebreiteten Flügeln fallen und gleitet abwärts. Oft wird dieses Prozedere sofort danach wiederholt.

FLEXIBLE NISTPLATZWAHL

Der bevorzugte Lebensraum der ausschließlich tagaktiven Ringeltaube liegt in Wäldern, Feldgehölzen und Waldrändern, in der Regel nicht weit entfernt von offenen Flächen, die zur Nahrungssuche dienen. Aufgrund ihrer Fähigkeit, sich an veränderte Bedingungen anzupassen, gelang es der Art im Laufe der letzten 150 Jahre, sukzessive auch menschliche Siedlungen zu erschließen. So sind Ringeltauben heutzutage häufig in Parks, Gärten und auf Friedhöfen zu finden. War sie noch zur letzten Jahrtausendwende im Süden und Südosten Mitteleuropas, also in den kontinentaleren Teilen, kaum in den Städten anzutreffen, hat sie auch dort mittlerweile Fuß gefasst. Selbst an belebten Plätzen, entlang von Hauptverkehrsstraßen und mitten in der City, können die Tauben existieren und sind dort im Hinblick auf die Wahl des Nistplatzes ebenfalls mitunter recht flexibel.

Ihr Nest bauen die Vögel meist auf Bäumen oder in hohen Sträuchern mit guter Deckung. Im zeitigen Frühjahr oder Herbst werden deshalb oft immergrüne Bäume oder Sträucher genutzt. In besiedelten Gebieten liegen die Nester aber auch in Kletterpflanzen, zum Beispiel in wildem Wein zur Hausbegrünung, aber ebenso an Gebäuden, beispielsweise auf Balkonen oder Fensterbänken. Bruten in halb offenen Gebäuden wie Scheunen oder Unterständen wurden ebenfalls schon beobachtet.

Während der Balzzeit zeigt das Männchen seiner Partnerin mehrere Neststandorte, von denen sie einen auswählt. Dieser kann sich dann in Ermangelung optimaler Brutstandorte auch in oder an Gebäuden befinden. Das Nest besteht aus dünnen, trockenen Zweigen und wird in Form einer einfachen Plattform angelegt, wobei normalerweise das Männchen das Nistmaterial einträgt und das Weibchen dieses verbaut. Nicht selten werden die Nester mehrfach genutzt und dann immer weiter ausgebaut, sodass Ringeltaubennester gelegentlich recht groß ausfallen können.

Wenn der Nestbau beendet ist, legt das Weibchen zwei weiße, matt glänzende Eier, die anschließend von beiden Partnern bebrütet werden. Nach 16 bis 17 Tagen Bebrütungsdauer schlüpfen die noch kaum befiederten Küken. Sie sind Nesthocker wie alle anderen Taubenarten auch. In den ersten Tagen werden sie mit

Ringeltauben führen meist eine monogame Saisonehe, wobei erfolgreiche Paare auch über Jahre hinweg zusammenbleiben können.

Den Jungvögeln fehlt noch die für Ringeltauben typische Halszeichnung. Voll flugfähig werden sie mit etwa fünf Wochen.

Kropfmilch ernährt, später dann mehr und mehr mit Pflanzenteilen.

BESONDERHEIT KROPFMILCH

Kropf- oder auch Taubenmilch ist ein weißliches, dickflüssiges Sekret, das in den Kropfepithelien der Tauben beiderlei Geschlechts unter dem Einfluss des Hormons Prolaktin produziert wird. Kurz vor dem Schlupf ist die Entwicklung der Kropfmilch so weit, dass die Jungen sofort nach dem Schlupf vollständig versorgt werden können. Hierzu schwillt die Schleimhaut im Kropf an und sondert die dickflüssige, sehr nahrhafte, aus Fett, Protein und Lecithin bestehende Kropfmilch ab, die an die Jungen verfüttert wird. Diese besondere Kükennahrung ermöglicht es den Ringeltauben, das ganze Jahr über für Nachwuchs sorgen zu können, sodass Bruten von Februar bis November, manchmal auch im Winter, beobachtet werden können. Das ist ein weiterer Aspekt, der die Flexibilität der Taube eindrucksvoll belegt. Die Hauptbrutzeit unserer größten einheimischen Taubenart liegt jedoch zwischen April und September, mit einem Höhepunkt zur Zeit der Getreidereife im Juli und August. In der Regel brüten Ringeltauben zweimal im Jahr, gerade in urbanen Räumen mitunter aber auch dreimal. Nachgelege nach Brutverlusten finden regelmäßig statt.

Die Nestlingsdauer, also die Zeit, in welcher der flugunfähige Taubennachwuchs im Nest von den Altvögeln gehudert und gefüttert wird, beträgt immerhin gute vier Wochen. Und selbst wenn die Jungtauben schließlich das Nest verlassen, sind sie noch nicht richtig flugfähig, sondern klettern und flattern in der Nähe des Nestes umher. Erst im Alter von etwa fünf Wochen, erreichen sie ihre volle Flugfähigkeit.

PFLANZLICHE ERNÄHRUNG

Ringeltauben ernähren sich fast rein vegetarisch. Ihre Nahrung besteht aus Getreide, Beeren, Samen, Knospen, im Herbst stehen auch Bucheckern und sogar Eicheln auf dem Speiseplan. Pflanzenteile wie grüne Blätter, Gras und Kräuter gehören ebenfalls zu ihrem Spektrum. Zwischen Juli und August, zur Hochzeit der Getreideernte, spielen diese dann leicht zu findenden Feldfrüchte eine bedeutende Rolle als Nahrung. Mitunter werden aber ebenso Schnecken, Regenwürmer und Insekten aufgenommen. In Städten wurden bei Ringeltauben auch Brot und Gebäck als erheblicher Anteil der Nahrung festgestellt. Daran zeigt sich erneut die große Anpassungsfähigkeit dieser Taubenart.

Neben der Aufnahme von kleinen Steinchen, den sogenannten Gastrolithen, die bei der Zerkleinerung der Körner im Muskelmagen helfen, ist bei allen Körnerfressern regelmäßiges Trinken sehr wichtig. Im Gegensatz zu den meisten anderen Vögeln, die zum Trinken Wasser im Schnabel aufnehmen und dann den Kopf in den Nacken legen müssen, damit die Flüssigkeit in den Magen fließt, können Tauben Wasser mit ihrem Schnabel wie mit einem Strohhalm aufsaugen. Im Übrigen ist Wasser auch eine wichtige Komponente bei der Bildung der erwähnten Kropfmilch.

STANDVOGEL UND TEILZIEHER

Ringeltauben sind Teilzieher. Im Winter gesellen sich viele Artgenossen aus dem Norden und Osten zu den heimischen Vögeln. In den meisten Regionen Deutschlands verbleiben sie aber als Standvögel das ganze Jahr über. Vögel aus Bayern und Südostdeutschland ziehen jedoch auch nach Westen.

Im Schwarm der nahrungssuchenden Vögel soll eine Hierarchie bestehen, wobei sich dominante Vögel im geschützten Zentrum und weniger dominante in den gefährlicheren Randbereichen des Trupps aufhalten.

JAGEN ERLAUBT

Gelegentlich können große Schwärme Schäden in landwirtschaftlichen Kulturen anrichten, was regelmäßig zu Forderungen nach einem Abschuss der Vögel führt. Die Ringeltaube unterliegt dem Jagdrecht und darf vom 1. November bis zum 20. Februar bejagt werden. Allerdings werden Ringeltauben in der bundesweiten Jagdstrecke nicht gesondert aufgeführt, sodass die Zahl der geschossenen Individuen nicht bekannt ist. Sofern die Schonzeit für Ringeltauben zur Vermeidung übermäßiger Wildschäden von der Oberen Jagdbehörde aufgehoben worden ist, findet die Jagd jedoch auch während der Brutzeit statt. Für das Land Nordrhein-Westfalen geht der NABU davon aus, dass die Hälfte aller Abschüsse zur Brutzeit stattfinden, was unter anderem zur Folge hat, dass die verwaisten Jungtauben verhungern müssen. Da dies mit dem Tierschutzgesetz und einem ethisch verantwortlichen Umgang mit Tieren nicht vereinbar ist, fordert der NABU Nordrhein-Westfalen, „die Befugnis der unteren Jagdbehörde aufzuheben, das Jagen der Vögel innerhalb der Schonzeit unter bestimmten Voraussetzungen zu erlauben." Der NABU spricht sich überdies für die Streichung der Vogelart aus dem Jagdrecht aus (siehe hierzu Servicekasten auf der gegenüberliegenden Seite).

POSITIVER TREND

Ringeltauben besiedeln fast ganz Europa mit Ausnahme des äußersten Nordens. Ihre Verbreitung reicht von Nordwest-

STECKBRIEF

Ringeltaube

Columba palumbus

Körperlänge	40 bis 42 Zentimeter
Spannweite	75 bis 80 Zentimeter
Gewicht	325 bis 690 Gramm
Nahrung	Samen, Blätter, Knopsen, Blüten, Früchte, Eicheln, Bucheckern
Lebensraum	Baumreiche Landschaften, Städte, Parks und große Gärten
Brutzeit/ Jungenaufzucht	Februar bis September, 2 Eier, Brutdauer 16 bis 17 Tage, flügge nach 29 bis 35 Tagen
Zug	Kurzstreckenzieher
Höchstalter	Bis zu 17 Jahre
Status	Nicht gefährdet

Ringeltauben sind sehr anpassungsfähig, auch was ihre Nahrung betrifft.

Im Spätsommer und Herbst gehören auch Früchte und Beeren zum Nahrungsspektrum der Ringeltaube.

afrika bis Südwestsibirien und südlich über Kleinasien bis in den Irak und Kaschmir. Der europäische Bestand liegt bei 9 bis 17 Millionen Brutpaaren, für Deutschland wird er vom Dachverband Deutscher Avifaunisten (DDA) auf 2,9 bis 3,5 Millionen Paare taxiert (Stand 2016, siehe hierzu auch Servicekasten). Jährliche Bestandsschwankungen hängen vor allem mit der Fruktifikation der Laubbäume zusammen. So sind etwa Eicheln und Bucheckern im Winter wichtige Nahrungsquellen. Die Bestände dürften aber ebenso von der Wintersterblichkeit, gesteuert durch das Winterwetter, beeinflusst werden.

Die mehrfach herausgestellte Flexibilität und die Anpassungsfähigkeit der Ringeltaube haben maßgeblich dazu beigetragen, dass sie in Deutschland die einzige Nichtsingvogelart ist, deren Bestand mehr als eine Million Paare beträgt. Gemäß Aufstellung des DDA gibt es in Deutschland 21 Brutvogelarten mit einer Million oder mehr Paaren, die Ringeltaube belegt in diesem Ranking der 21 Brutvögel immerhin den zehnten Platz und ist demnach häufiger als beispielsweise Arten wie die Goldammer, der Feldsperling oder die Singdrossel. Das ist bemerkenswert für einen Nichtsingvogel!

Dabei ist die Art nicht gleichmäßig über das Bundesgebiet verteilt. Im Westen und Nordwesten erscheint sie in höheren Dichten als Brutvogel im Vergleich zum Süden und Osten.

Der bundesweite Trend ist zwar etwas uneinheitlich, generell aber positiv, sowohl langfristig gesehen (über 36 Jahre) als auch kurzfristig (zwölf Jahre, Stand 2006, Vögel in Deutschland – Übersichten zur Bestandssituation, siehe hierzu Servicekasten: https:// pecmbs.info/). In 30 europäischen Ländern sind sowohl der zusammengefasste Trend über zehn Jahre hinweg als auch die rund 40 Jahre umfassende Langzeitentwicklung bei der Ringeltaube positiv. Von daher handelt es sich bei der Ringeltaube um einen Vogel, um dessen Fortbestand man sich aktuell nicht sorgen muss – was ja heute leider, selbst bei vielen sogenannten häufigen Arten, alles andere als eine Selbstverständlichkeit ist.

SERVICE

Weitere Informationen finden Sie unter:

https://nrw.nabu.de/natur-und-landschaft/landnutzung/jagd/jagdbare-arten/weitere-vogelarten/04401.html

https://www.dda-web.de/publikationen/vid

https://pecbms.info/

FOTO: ERNI / STOCK.ADOBE.COM

RINGELTAUBEN – VERHALTEN

VOM WALD IN DIE STADT

Die Ringeltaube ist sehr anpassungsfähig und kommt in einer Vielzahl von Lebensräumen vor. Telemetriedaten verraten viel über das Verhalten unserer häufigsten Wildtaube.

Die Ringeltaube ist Deutschlands größte heimische Wildtaube und leicht an dem charakteristischen weißen Halsfleck sowie der hellen Iris mit der dunklen Pupille zu erkennen.

FOTO: MARTIN GRIMM / STOCKADOBE.COM

TEXT VON **YVONNE R. SCHUMM UND PETRA QUILLFELDT**

Die Ringeltaube (Columba palumbus) ist eine relativ häufige Vogelart, die in ganz Europa brütet. Sie ist eine der vier in Deutschland heimischen Wildtaubenarten und zählt mit etwa drei Millionen Brutpaaren zu den häufigsten Brutvögeln. Von den in Deutschland vorkommenden Wildtauben sind die Ringeltauben die größten und einfach an ihrem charakteristischen weißen Halsfleck, den weißen Flügelbinden und den hellen Augen mit dunklen Pupillen zu erkennen. Aber Achtung: Junge Ringeltauben haben zuerst keinen weißen Halsfleck und können daher leichter mit Hohltauben verwechselt werden.

Die Ringeltaube ist sehr anpassungsfähig und kommt in einer Vielzahl von Lebensräumen vor, darunter Laub- und Mischwälder, Parks und Gärten. Diese Flexibilität in der Habitatwahl ermöglicht es ihr, in unterschiedlichen Umgebungen zu überleben und sich fortzupflanzen. Seit etwa Mitte des 20. Jahrhunderts ist die Anzahl der Ringeltauben in Mitteleuropa stetig angestiegen. Bei der einst typischerweise waldbewohnenden Art führte die Annahme von städtischen Lebensräumen zu einer Populationszunahme. Heute trifft man Ringeltauben in Stadt- und Waldlebensräumen an. Sie bauen ihre offenen Nester aus Zweigen in verschiedensten Baumarten und auch an Gebäuden. Ihr typischer Ruf „huh rkuh-ku-ku" ist an vielen Orten zu hören. Die Brutzeit beginnt im zeitigen Frühjahr, teilweise in Städten schon im Februar, und kann bis in den Herbst dauern.

ZUG- ODER STANDVOGEL?

In ihren europäischen Brutgebieten weist die Art drei Zugstrategien auf. In Westeuropa brütende Ringeltauben sind hauptsächlich standorttreu, nur einige Individuen ziehen noch. Populationen aus Osteuropa und Fennoskandien sind dagegen Zugvögel. Für ziehende Ringeltauben werden drei Zugrouten in Europa beschrieben. Individuen aus Nord- und Osteuropa ziehen entlang des ostatlantischen Zugweges, der sich entlang der Ost- und Nordseeküste bis zu den atlantischen Küstenregionen Südwestfrankreichs und weiter nach Spanien und Portugal erstreckt. Einige Ringeltauben, die in Ungarn, der Tschechischen Republik und in Süddeutschland brüten, ziehen entlang der Mittelmeerroute und überwintern im westlichen Mittelmeerraum, einschließlich Italien und Südfrankreich, und insbesondere auf Korsika sowie Sardinien. Ringeltauben aus Südostrussland, der Ostukraine und weiter östlich brütende Vögel folgen wahrscheinlich der Schwarzmeerzugroute. Die meisten mitteleuropäischen Populationen sind vermutlich Teilzieher, das heißt ein Teil der Ringeltauben zieht im Winter beispielsweise nach Frankreich oder Spanien, während der andere Teil im Brutgebiet verbleibt. Winterbeobachtungen von Ringeltauben nehmen in den letzten Jahrzehnten in einigen Regionen Deutschlands zu, sodass angenommen wird, dass in vielen Regionen mehr Tauben im Brutgebiet überwintern. Dies ist jedoch aufgrund fehlender Kenntnisse zu den Aktivitätsradien und Zugbewegungen der Ringeltauben bisher schwer nachzuweisen – genau hier setzt das Telemetrieprojekt unserer Arbeitsgruppe Verhaltensökologie an der Justus-Liebig-Universität Gießen an.

TELEMETRIESTUDIE

Gemeinsam mit verschiedenen Kooperationspartnern werden seit dem Jahr 2018 Ringeltauben in Deutschland

In Westeuropa brütende Ringeltauben sind überwiegend standorttreu und überwintern hier.

FOTO: HENRI / STOCK.ADOBE.COM

Besenderte Ringeltaube. Der GPS-Sender wird mithilfe von Teflonbändern als Rucksack an den Vögeln befestigt. Auf dem Foto ist das Solarpanel des Senders gut sichtbar.

FOTO: B. Metzger

und Portugal mit solarbetriebenen GPS-GSM-Sendern ausgestattet, in welchen auch Beschleunigungssensoren (Accelerometer) eingebaut sind. Frühere Studien verwendeten hauptsächlich Wiederfunddaten von mit Metallringen markierten Ringeltauben. Diese Ringdaten sind jedoch durch geringe Wiederfundraten insbesondere in Ost- und Nordeuropa eingeschränkt und werden zudem stark durch die Bejagungsintensität beeinflusst.

Eine Betrachtung von Ringwiederfunddaten im Zeitraum von 1929 bis 2019 von Ringeltauben, welche sich zur Brutzeit in Deutschland aufgehalten hatten, zeigte, dass 28 Prozent der Ringwiederfunde während der Überwinterungszeit innerhalb Deutschlands gefunden wurden, was auf Standvögel oder lediglich über eine kurze Entfernung ziehende Individuen hinweist. Der Großteil (72 Prozent) der Wiederfunde stammte jedoch von außerhalb Deutschlands. Aus Deutschland abwandernde Ringeltauben überwinterten in der Nähe der deutschen Grenze in den Niederlanden, in Belgien, Dänemark, Ost- und Südostfrankreich oder flogen über größere Entfernungen nach Südwestfrankreich, Spanien und Portugal, wobei alle Individuen dem westeuropäischen Teil der ostatlantischen Zugroute folgten (siehe hierzu Abbildung 1 auf Seite 63). Die meisten Wiederfunde außerhalb Deutschlands stammten mit 85 Prozent aus Frankreich.

Das Zugverhalten der Ringeltaube kann stark variieren, auch der Zugweg ist unterschiedlich lang.

FOTO: AVS_LT / STOCK.ADOBE.COM

ZIEHEN ODER BLEIBEN?

Die Auswertung von GPS-genauen Ortungen von 21 in Hessen und zehn in Lissabon besenderten Ringeltauben ergab (siehe hierzu Abbildung 2), dass alle der in Portugal brütenden Tauben Standvögel sind, während das Zugverhalten der in Hessen brütenden Tauben variiert. Zugbewegungen von in Hessen besenderten Ringeltauben konnten in den Überwinterungszeiträumen 2019/2020 (fünf von zwölf Individuen zogen in Überwinterungsgebiete) und 2020/2021 (zwei von 15 Individuen) festgestellt werden. Im Winter 2018/2019 (zwei besenderte Individuen) wurden keine Zugbewegungen erfasst.

Vier der insgesamt 21 in Hessen besenderten Ringeltauben zogen für mindestens eine Überwinterung nach Frankreich in die Regionen Grand-Est und Bourgogne-Franche Comté (siehe hierzu Abbildung 2). Der Herbstzug dieser Tauben startete im Durchschnitt am 28. Oktober (20. Oktober bis 16. November) bei einer durchschnittlichen Zugdauer von 27 Tagen inklusive Rastperioden. Der Frühjahrszug startete im Durchschnitt am 29. März und die Ringeltauben waren im Schnitt am 9. April zurück in ihren hessischen Brutgebieten. Drei weitere Tauben überwinterten an anderen Orten als ihrem Brutgebiet, ohne jedoch Deutschland zu verlassen. Diese Überwinterungsplätze waren etwa 10 bis 40 Kilometer vom Brutgebiet entfernt und die Tauben erreichten diese in weniger als einem Tag.

Vergleicht man das Zugverhalten individueller Tiere für aufeinanderfolgende Winter zeigt sich, dass das Verhalten von Jahr zu Jahr variieren kann und Individuen ihre Zugstrategie (sesshaft versus ziehend) zwischen den Jahren wechseln. Die genauen Ursachen hierfür konnten in der Studie aufgrund der eher geringen Anzahl ziehender Individuen nicht näher untersucht werden.

Besenderte Ringeltauben aus Lissabon hielten sich das ganze Jahr über mehrheitlich in dem circa 800 Hektar großen bewaldeten Park „Parque Florestal de Monsanto“ innerhalb des Stadtgebietes auf. In diesem Park wurden die Tauben auch besendert. Die in Gießen (Hessen) besenderten Ringeltauben verließen das Stadtgebiet regelmäßig, insbesondere zwischen Juli und September, um auf landwirtschaftlich genutzte Flächen südwestlich der Stadt zu fliegen – vermutlich zur Nahrungssuche.

FLIEGEN, FRESSEN, RUHEN

Das Ziel einer weiteren Studie war es, anhand von dreidimensionalen Beschleunigungsdaten die Hauptverhaltensweisen wie zum Beispiel die Nahrungssuche der Individuen zu klassifizieren. Die Auswertung erfolgte mithilfe maschinellen Lernens und zeigte, wie viel Zeit die Ringeltauben mit Fliegen, Ruhen und der Nahrungssuche verbringen und in welchen Habitaten. Generell nutzen Ringeltauben verschiedene Vegetationsbereiche zur Nahrungssuche und fressen Samen, grünes Pflanzenmaterial, Früchte und auch gelegentlich Wirbellose.

Das Zeitbudget variierte zwischen den Jahreszeiten. Während der Brutzeit, wenn beide Eltern die Jungvögel versorgen, benötigen sie mehr Zeit für die Nahrungssuche als in der Winterzeit. Die mit Nahrungssuche verbrachte Zeit variierte auch je Standort. Der Zeitanteil zur Nahrungssuche während der Brutzeit war im Waldhabitat in Hessen mit 14 Prozent am niedrigsten, im städtischen Habitat mit 20 bis 22 Prozent in Hessen höher und im Stadtpark in Lissabon mit 28 bis 29 Prozent am höchsten. Dieses Ergebnis spiegelt vermutlich sowohl die unterschiedliche Verfügbarkeit und Zugänglichkeit von Nahrung an verschiedenen Standorten als auch die Kosten der Anpassung an städtische Siedlungsbereiche (Synurbanisierung) bei Ringeltauben wider.

Ringeltauben sind wenig untersuchte Vögel, aber durch ihre Rolle als Samenverbreiter und Beutetiere für Greifvögel tragen sie zur Erhaltung und Förderung der Biodiversität bei. Indem sie Samen, Beeren und andere pflanzliche Nahrung aufnehmen und an anderen Orten ausscheiden, tragen sie zur Verbreitung und Etablierung von Pflanzenarten bei. Das fördert die Regeneration von Wäldern und die biologische Vielfalt in urbanen Lebensräumen.

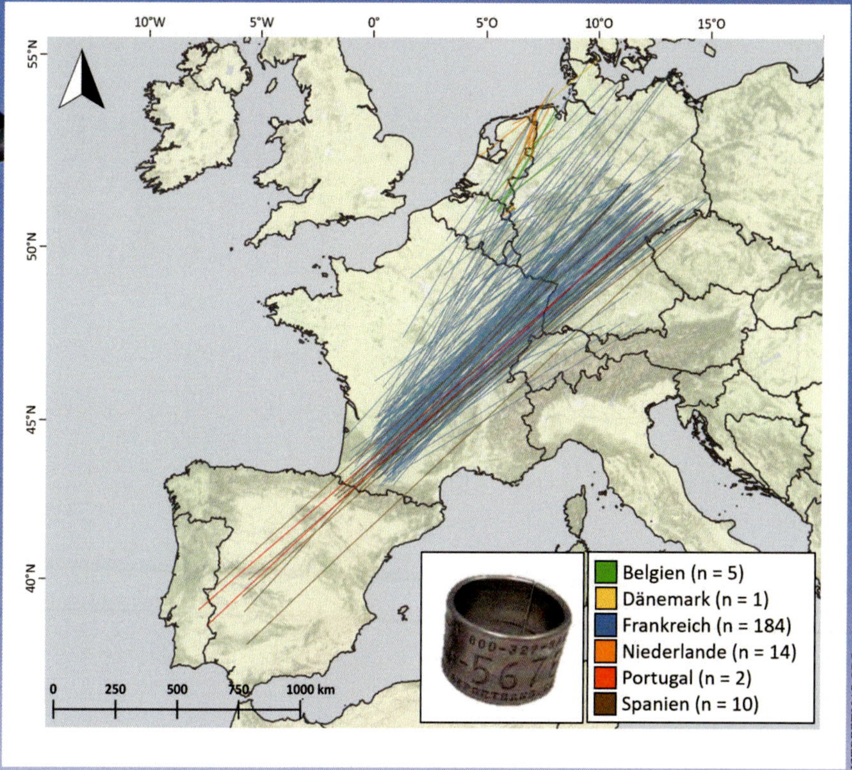

Abbildung 1: Ringwiederfunde außerhalb Deutschlands von Ringeltauben mit Brutplätzen in Deutschland. Die Ringfunde sind als Linie zwischen Beringungs- und Fundort dargestellt. Die Farben entsprechen dem jeweiligen Land, in welchem der Wiederfund zur Zeit der Überwinterung erfolgte.

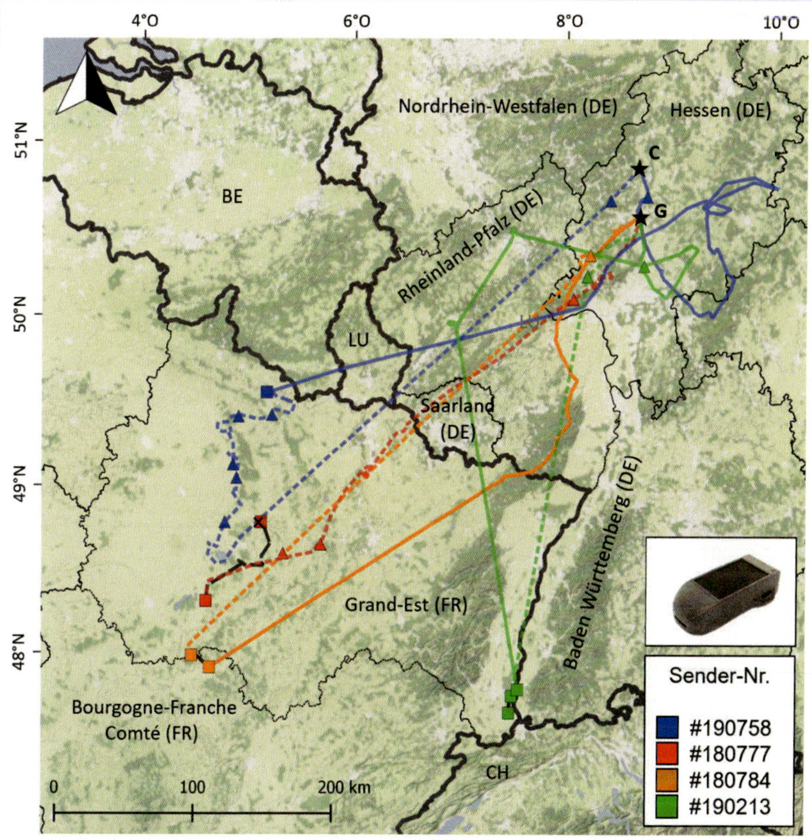

Abbildung 2: Zugrouten anhand übermittelter GPS-Positionen der vier in Frankreich überwinternden Ringeltauben. Der Frühjahrzug ist als durchgängige Linie und der Herbstzug als gestrichelte Linie dargestellt. Brutgebiete sind mit Sternen und Überwinterungsgebiete mit Quadraten markiert. Dreiecke stellen Rastgebiete dar. Das Kreuzsymbol markiert den Senderausfall.

QUELLEN

König, C., Stübing, S., Wahl, J. (2015): Vögel in Deutschland aktuell: Herbst 2014: Rotmilane, Ringeltauben und Rotfußfalken. Der Falke 62 (1): 30–35

Masello, J. F., Rast, W., Schumm, Y. R. et al. (2023): Year-round behavioural time budgets of common woodpigeons inferred from acceleration data using machine learning. Behav Ecol Sociobiol 77, 40 (2023). https://doi.org/10.1007/s00265-023-03306-w

Schumm, Y. R., Masello, J. F., Cohou, V. et al. (2022): Should I stay or should I fly? Migration phenology, individual-based migration decision and seasonal changes in foraging behaviour of Common Woodpigeons. Sci Nat 109: 44. https://doi.org/10.1007/s00114-022-01812-x

Schuster, S. (2017): Verhaltensänderungen bei Ringeltauben Columba palumbus im Voralpenraum. Ornithol. Jh. Bad.-Württ. 33: 71–80

Tomiałojc, L. (1976): The urban population of the Woodpigeon Columba palumbus Linnaeus, 1758 in Europe. It's origin, increase and distribution. Acta Zool Crac 18 585 632

TAUBENMAUSER

DER ETWAS ANDERE

Das Gefieder lässt äußerlich kein Zeichen von Mauser erkennen – so sparsam mausern Tauben.

FOTO: MANFRED RICHTER / STOCK.ADOBE.COM

FEDERWECHSEL

Es ist Mitte März. Vor wenigen Tagen haben bei mildem Wetter die Ringeltauben begonnen, ihre gurrenden Strophen zu singen. Heute sehe ich das Paar im kahlen Kirschbaum. Er wiederholt seine Balz mit vielen Verbeugungen, sie fliegt schließlich ab, als er näher rückt. Als das Männchen danach selbst startet, weist das Flugbild auf beiden Seiten eine kleine Mauserlücke auf, innen im Handflügel, wo die übliche Mauser beginnt. Das Erstaunliche ist: Ein normaler Vogel mausert nicht im Frühjahr oder im beginnenden Sommer, wenn die Brut bevorsteht, sondern im Spätsommer, nach der Brutzeit.

TEXT UND FOTOS VON
HANS-HEINER BERGMANN

Warum beginnen Tauben im späten Winter mit der Mauser? Diesen Prozess kann man nur verstehen, wenn man weiß, wie diese Vögel sich ernähren, wie sie sich fortpflanzen und wie sie wandern. Man muss die ganze Biologie berücksichtigen.

ADULTE RINGELTAUBEN

So früh im Jahr mit der Mauser zu beginnen, ist bei Ringeltauben normal. Je milder das Klima des Gebietes, in dem sie leben, umso früher werfen sie ihre erste Handschwinge ab. In England ist das bereits Ende Januar oder im Februar, auf der Westfriesischen Insel Schiermonnikoog in Holland starten sie Ende Februar oder Anfang März, im Rheinland Ende April. Das ist in jedem Fall früher als bei anderen Vogelarten. Zudem nimmt die Mauser außergewöhnlich lange Zeit in Anspruch. Bei den Alten dauert sie sieben bis acht Monate, erstreckt sich also vom Frühling bis gegen das Jahresende. Eine abgeworfene Handschwinge benötigt zwar nur gut drei Wochen für ihr Wachstum, die nächste Handschwinge wird aber erst dann abgeworfen, wenn die vorhergehende so gut wie ausgewachsen ist. Das heißt: Die Erneuerung des Handflügels mit zehn Handschwingen benötigt rechnerisch 30 Wochen oder sieben Monate. Das heißt zugleich: Die wandernde Mauserlücke im Flügel ist klein, sie umfasst nur eine Schwinge. Auch das ist für die Mauser eines Vogels ungewöhnlich. Bei vielen Singvögeln ist die Mauserlücke im Flügel so groß, dass sie drei oder vier Handschwingen gleichzeitig erfasst, die gestuft nebeneinander wachsen. Das führt, wie man sich leicht vorstellen kann, zu einer Behinderung des Fluges. Damit wird der Vogel gefährdet, mehr als es sonst der Fall ist. Nicht so bei den Tauben. Sie gehen nach dem sparsamen Mausermodus vor: Langsame Mauser bedeutet kleine Mauserlücken, was weniger Gefährdung zur Folge hat – und auch weniger gleichzeitigen Aufwand für das Federwachstum.

MAUSERMODUS: WAS IST DAS?

In welcher Reihenfolge und welcher Geschwindigkeit die Federn des Hand- oder Armflügels oder die des Schwanzes oder des Körpergefieders ausgetauscht werden, ist meist genetisch festgelegt, und der Prozess verläuft in einer sehr geordneten Abfolge. Bei den meisten Vögeln beginnt die Handflügelmauser am Handgelenk mit der innersten Handschwinge, die genau aus diesem Grund als Handschwinge 1 bezeichnet wird, kurz H1. Die Abfolge in der Erneuerung der Federn wird Mausermodus genannt. Auch bei den Tauben beginnt der Ersatz der Handschwingen innen am Handgelenk. Dies ist vorteilhaft, weil die innersten

Die innerste Handschwinge einer Ringeltaube, gefunden am 9. März – der Beginn der Mauser.

Bei der fliegenden Ringeltaube sind nur kleine Mauserlücken im innersten Armflügel und anderswo zu sehen. Aufgenommen am 12. August 2010.

FOTO: CHRISTOPH MONING

Handschwingen die kürzesten sind und ihr Ersatz nicht so aufwendig ist, wie wenn die Mauser außen mit den längsten Handschwingen beginnen würde. Die Abfolge der Erneuerung ist also absteigend vom Gelenk aus. Diese Folge wird auch als deszendent bezeichnet. Die Stelle, an der die Mauser beginnt, ist sozusagen ein Brennpunkt und wird fachlich in der Tat Focus genannt. Auch dies ist Teil des Mausermodus.

Zum Mauserablauf gehört ebenso die Erneuerung der Armschwingen, welche einer eigenen Steuerung unterliegen, ausgehend von einem Focus im Armflügel. Außerdem werden die Steuerfedern ausgetauscht, die wiederum einem eigenen Muster folgen. Das Körpergefieder darf ebenfalls nicht vergessen werden.

Das Prinzip bei den einzelnen Abläufen ist folgendes: Es sollten möglichst nicht zu viele Federn gleichzeitig erneuert werden, damit die Funktionen weitgehend erhalten bleiben. Auch die energetischen und stofflichen Hintergründe spielen dabei mit. Mauser kostet Energie. Sie braucht Stoff und Farbe.

STOFF UND FARBE

Jede wachsende Feder benötigt Keratin, das ist der Hornstoff, aus dem sie aufgebaut wird. Keratin ist ein Eiweißstoff, in dem unter anderem Schwefel enthalten ist. Der Vogel muss es selbst aus bestimmten Aminosäuren herstellen. Das kostet Zeit und Energie. Gleichzeitig muss auch Farbstoff beschafft werden. In den meisten Fällen ist das ein grauer, brauner oder schwarzer Stoff namens Melanin, der unter anderem aus der Aminosäure Tyrosin besteht. Da im Keratin wie im Melanin giftige Komponenten enthalten sind, entledigt sich der Vogel beim Federwachstum solcher Gifte und beseitigt sie beim Abwerfen der Federn endgültig.

Nur wenn es sich um rötliche Farbtöne handelt, wie auf der Unterseite der Ringeltaube oder an ihren Füßen, werden dafür Karotinoide benötigt, die der Vogel nicht selbst herstellt, sondern aus der pflanzlichen Nahrung gewinnt. Die Beschaffung der Stoffe ist ein ökonomisches Problem. Tauben wie auch andere Vögel lösen es, indem sie die Mauser an verschiedenen Körperstellen geordnet ablaufen lassen und nicht zu viele Federn auf einmal erneuern. Tauben sind da besonders sparsam.

DIE MAUSER DER JUNGVÖGEL

Auch bei den jungen Tauben werden etwa ab einem Alter von sechs bis sieben Wochen die Handschwingen von innen nach außen gemausert. Das Erstaunliche dabei: Die Jungvögel haben gerade erst ein vollständiges jugendliches Federkleid entwickelt. Kurz nachdem das erste Federkleid ausgewachsen ist, wird es also

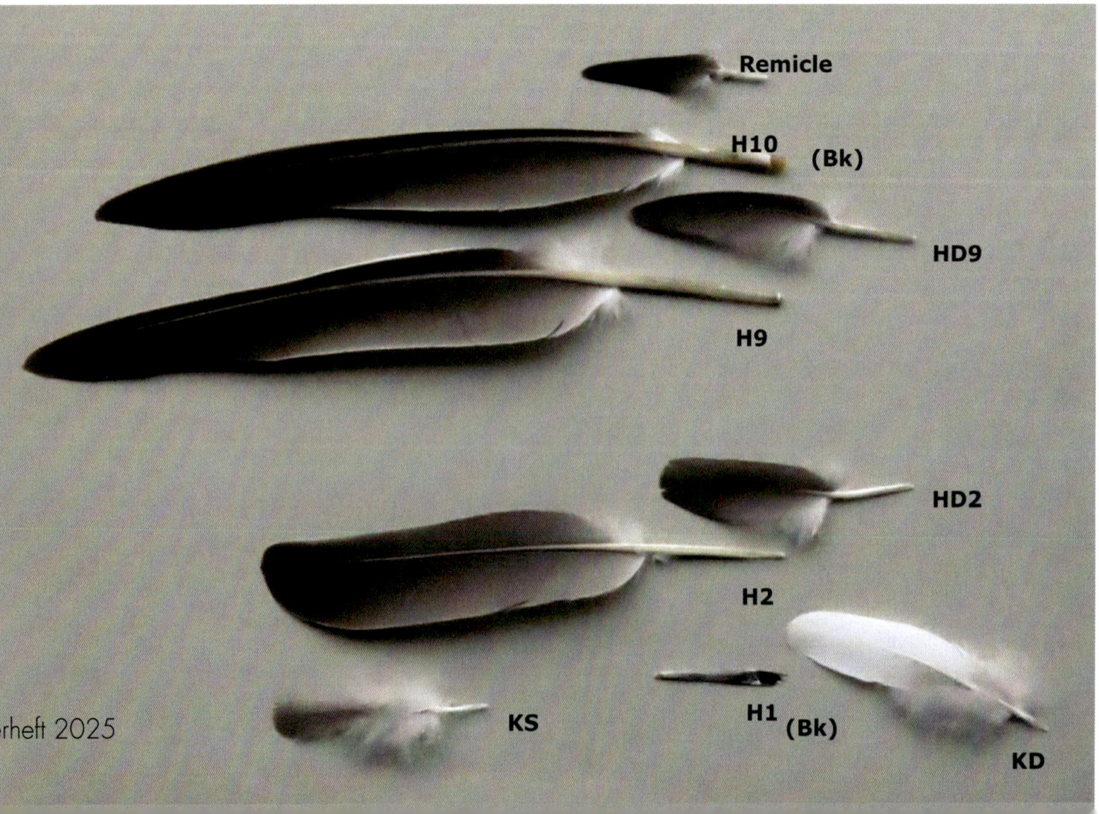

Einblick in die Jugendmauser der Ringeltaube: Die äußerste große Handschwinge H10 hat fast ihr Wachstum abgeschlossen (Bk = Blutkiel). Zugleich wird die innerste Handschwinge H1 in Form eines Blutkiels gerade erneuert (Bk). Sonstige Federn: R = Remicle, HD9 und HD2 = Handdecken, KD = Karpaldecke, KS = Karpalschwinge. Zwischen H2 und H9 sind im Bild Handschwingen und Handdecken ausgelassen. 15. September 2018.

schon wieder erneuert. Dieser Prozess beginnt im Sommer, wenn die äußerste H10 kaum ausgewachsen ist. Er wird im Winter etwa bei H5 oder H6 abgebrochen und im Frühjahr fortgesetzt oder er macht dann einem neuen Mauserablauf Platz, der wieder bei H1 beginnt.

Bei der jungen Ringeltaube weiß man mehr über den Mauserablauf als bei den Altvögeln. Die Mauser in den beiden Handflügeln verläuft offenbar hochsynchron: Die beiden entsprechenden Handschwingen im rechten und linken Flügel fallen meist am selben Tag aus. Die nächste benachbarte Schwinge im Flügel fällt aber erst dann aus, wenn ihre gemauserte Nachbarin schon 75 Prozent ihrer Endlänge erreicht hat. Das heißt: Die Mauserlücke hat auch hier eine Größe, die nur wenig über die Breite einer Handschwinge hinausreicht. Das ist ein Ausdruck der langsamen und viel Zeit beanspruchenden Handschwingenmauser – bei den Jungen wie bei den Alten.

Die Armschwingen der Jungvögel werden im ersten Jahr nur teilweise erneuert, die Steuerfedern etwa im Alter von einigen Monaten. Diese langen, flachen Steuerfedern nehmen viel Energie in Anspruch. Der Vogel beginnt mit ihrer Erneuerung erst, wenn der Handflügel schon bei mindestens H6 oder H7 angelangt ist, also etwa zwei Drittel des Handflügels erreicht hat. Zuerst werden die mittleren Steuerfedern erneuert, von diesem Focus aus dann nacheinander die folgenden auf beiden Seiten nach außen hin. Die Mauser des Kleingefieders kann den Winter über fortgesetzt werden. Den Jungvögeln fehlt anfangs noch der Halsring. Daran kann man sie im Sommer für einige Zeit von den Altvögeln unterscheiden. Er besteht später aus mehreren Reihen von weißen Halsfederchen und kennzeichnet die adulte Ringeltaube. Er erscheint jedoch schon kurz nach Beginn der jugendlichen Handschwingenmauser im Laufe des ersten Sommers. Damit bekennen sich die Jungvögel zu den Alten, aber den größten Teil der Großgefiedermauser haben sie noch vor sich.

FEBRUAR: NOCH EINE FEDER

Es ist der 21. Februar. Neben meinem Spazierweg unter einer alten Buche liegt wieder eine Feder. Eine stabile Handschwinge mit einem schwachen lichten Saum an der Außenfahne und einer Aufhellung an der Basis der Innenfahne; diese Innenfahne ist zur Spitze hin verengt. Keine Frage, es ist eine Ringeltaubenfeder aus dem Flügel, aber nicht die innerste vom Beginn der Mauser, sondern die zehnte Handschwinge von der Flügelspitze. Diese Feder ist die letzte, die im Handflügel abgeworfen wird. Ein verspäteter Altvogel, der mit seiner Handflügelmauser in den Spätwinter hineingeraten ist? Das wäre ungewöhnlich. Aber wie wir gesehen haben, mausern die Jungvögel ja im Herbst schon zum ersten Mal. Wenn ein Jungvogel spät geschlüpft ist, kann es

FOTO: ANDRE / STOCK.ADOBE.COM

Oben: Der weiße Halsring der erwachsenen Ringeltaube besteht aus mehreren Reihen kleiner Federchen.

Unten links: Ringeltaubenfedern: Die Steuerfeder 2 (links) ist von oben zu sehen, die Steuerfeder 3 (rechts) von unten. Diese Ansicht ist viel kontrastreicher.

Unten rechts: Schwanzfedern einer Ringeltaube, rechte Hälfte, von innen (links) nach außen (rechts) gezählt. Die fünfte Steuerfeder ist kürzer und zeigt weniger schwarzes Pigment. Sie stammt aus einer früheren Federgeneration und ist ausnahmsweise noch nicht gemausert.

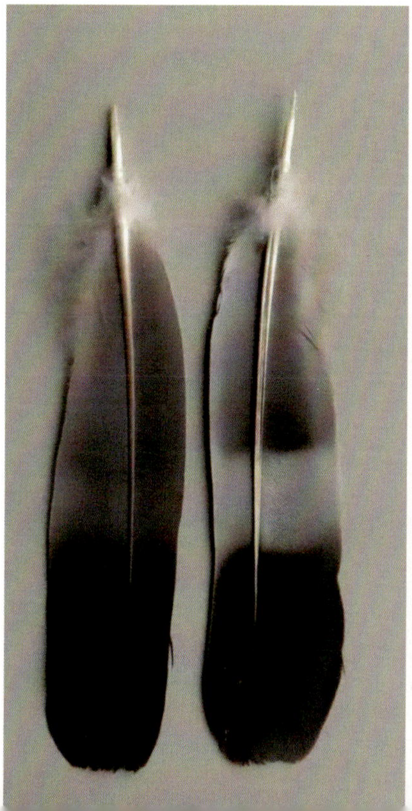

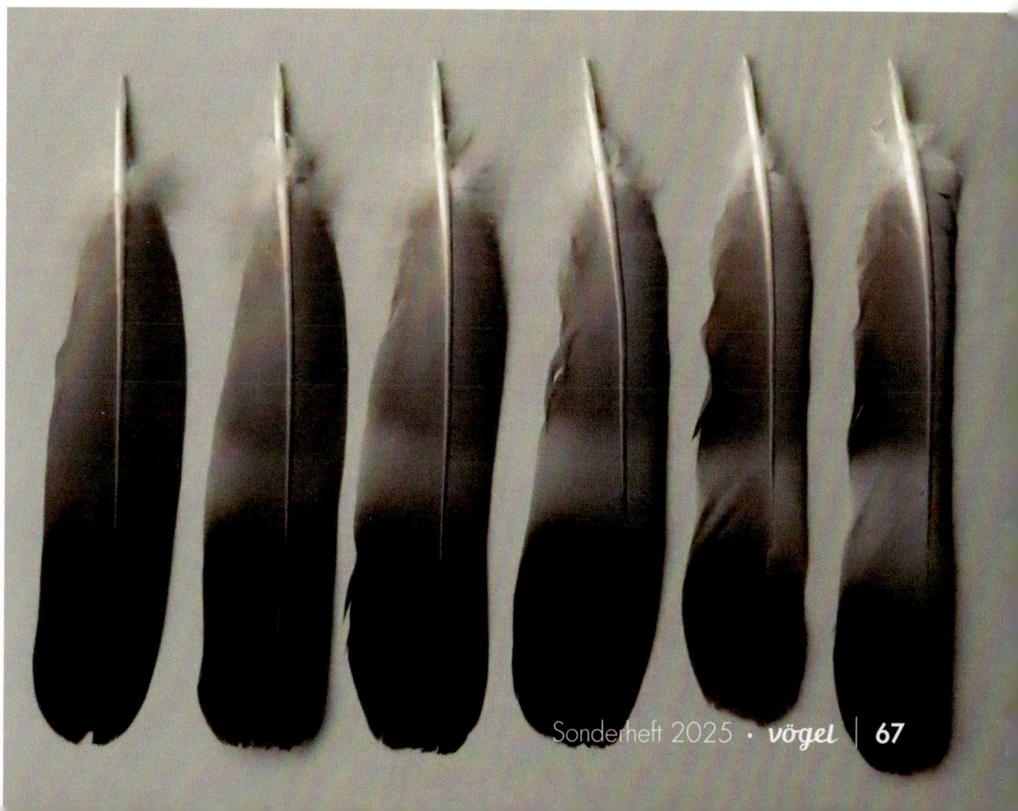

Der Anflug der Ringeltaube hat auf dem Fenster ein Flugbild mit vielen Einzelheiten hinterlassen.

wohl sein, dass er das Ende seiner Mauser erst im Winter erreicht.

Beim genauen Hinsehen bemerke ich, dass die Schwinge, obwohl sie in der Flügelspitze sitzt, einen ganz unversehrten Eindruck macht. Das kann umso mehr für einen Jungvogel sprechen, der ja mit der Erneuerung seiner Handschwingen beginnt, kaum dass die Federn des ersten Kleides ausgewachsen sind. Dann kann es durchaus sein, dass er im Februar das Ende seiner jugendlichen Mauser erreicht hat. Die zehnte Handschwinge ist für ihn die letzte, die er im Handflügel abwirft. Ich könnte also die erste Handschwinge seiner Eltern am selben Vorfrühlingstag finden wie die letzte Handschwinge des Jungvogels vom Vorjahr.

VERGLEICH TÜRKENTAUBE & CO.

Türkentauben sind weitgehend Standvögel. Auch sie müssen sich beim Mausern nicht auf einen Langstreckenzug einrichten. Die Vollmauser der Altvögel zieht sich ebenfalls von März bis in den Herbst oder Winter. Sie beginnt mit den Handschwingen, deren Erneuerung etwa fünf Monate in Anspruch nimmt. Es folgen die Armschwingen und Steuerfedern. Auch die Jungvögel beginnen eine Vollmauser schon im Alter von wenigen Wochen. Früh im Jahr geschlüpfte Junge erledigen diese schon im ersten Kalenderjahr bis in den Winter, spät geschlüpfte mausern bis weit in das Folgejahr hinein, ähnlich wie bei der Ringeltaube.

Hohltauben als Kurzstreckenzieher mausern ebenfalls lange, in dem Fall von März bis zum Winterbeginn. Das scheint typisch für viele Tauben zu sein. Sie sind für ihre Mauser nicht streng an eine bestimmte Jahreszeit gebunden wie die meisten anderen Vögel. Diese fehlende Bindung zeigt sich noch deutlicher bei Arten, die als Ganzjahresvögel auf den Atlantischen Inseln leben. Sie mausern anscheinend ziemlich beliebig über das Jahr hinweg.

ANDERS DIE TURTELTAUBE

Die Turteltaube ist im Gegensatz zur Ringel- und Türkentaube ein ausgeprägter Zugvogel, der den Winter im Savannengürtel südlich der Sahara zubringt. Die Wanderung mit Mauserlücken im Flügel zu unternehmen, kann sich ein Zugvogel nicht leisten. Turteltauben beginnen zwar zwischen Juli und September mit ihrer Vollmauser, brechen diese aber so frühzeitig ab, dass für die ersetzten Federn Zeit genug bleibt, ihr Wachstum abzuschließen, bevor der Zug beginnt. So starten die meisten mit drei oder vier inneren frischen Handschwingen, während die übrigen bis zur Flügelspitze gebraucht sind. Erst wenn sie die Savanne erreicht haben, nehmen sie die Mauser wieder auf und vollenden sie meist bis Ende März. Sie kommen mit komplett erneuertem Gefieder zurück ins Brutgebiet. Davon haben die inneren Handschwingen den Zug schon zweimal hinter sich gebracht, die äußeren einmal. Wie die Turteltaube starten die meisten unserer sonstigen Brutvögel mit ihrer Mauser im Sommer nach der Brut. Sie beenden sie allerdings meist noch im Brutgebiet.

WIESO DIE LANGE MAUSER?

Tauben sind Pflanzenfresser und verfügen während des ganzen Jahres über ein Angebot an Nahrung: grüne Blätter oder Sprossen, anderenfalls Sämereien. Ihre Jungen ziehen sie mit Kropfmilch auf, die sie selbst erzeugen. Deswegen sind sie frei von dem Zwang, ihre Mauser wegen der Insektennahrung genau auf den Spätsommer einzurichten – zwischen Brut und Zug, wenn die Nahrung nicht mehr als Futter für die Jungen gebraucht wird, aber dennoch genug davon für die Erholung und die Zugvorbereitung der Alten vorhanden ist. Die Tauben mausern die meiste Zeit des Jahres über und richten sich nur danach, wie sie am bequemsten damit durchkommen und am wenigsten Risiko gegenüber Flugfeinden eingehen.

Die außerordentlich protein- und fettreiche Kropfmilch, die von beiden Eltern erzeugt wird, kostet die Altvögel viel Energie und Nahrungszufuhr, zumal von pflanzlicher Kost. Die Babynahrung aus dem Kropf reicht deshalb jeweils nur für zwei Junge im Nest. Diese wachsen umso rasanter heran; es gibt sonst keine Vogelgruppe, bei der das Wachstum so schnell voranschreitet und derartig schneckenfetter Nachwuchs entsteht.

Die äußerste Handschwinge einer Ringeltaube, gefunden am 22. Februar, muss auf einen Jungvogel des Vorjahres zurückgehen, der spät gemausert hat.

Die Eier sind zwar klein, also auf Sparsamkeit angelegt, aber nach der schnellen Entwicklung der Jungen ist bald die Möglichkeit für weiteren Nachwuchs gegeben. Deswegen können die meisten Arten mehrmals im Jahr in Serie brüten. Bei Türkentauben sind bis zu vier Bruten jährlich bekannt, außerdem gibt es bei Verlust Ersatzbruten. Mehrfache Jahresbruten waren in historischen Zeiten in Nordamerika auch der Anlass für Millionenheere von brütenden und ziehenden Wandertauben, die unter anderem durch gnadenlose Bejagung ausgerottet wurden.

Im vergangenen Jahrhundert hat sich die Türkentaube rasant über Europa und Nordafrika ausgebreitet und auch Nordamerika erreicht. Die Turteltaube dagegen ist als Fernwanderer an eine kurze Brutzeit mit anschließender Teilmauser gebunden, die rasch ablaufen muss. Daher hat sie nur Zeit für eine oder zwei Jahresbruten. Zudem wird sie auf dem Zug im Süden intensiv verfolgt. Das ist eine dramatische Situation, und sie stirbt bei uns derzeit aus.

SCHICKSAL DER JUNGEN TAUBE

Jungvögel, die noch nicht brüten, können es sich leisten, schon im ersten Kalenderjahr ihre Handschwingen zu erneuern. Das schützt sie allerdings nicht vor einem tragischen Unfall: Es ist der 13. September 2018 – ein ruhiger Abend, kurz vor 19 Uhr, als an dem großen Fenster plötzlich ein dumpfes Geräusch zu hören ist. Das kommt mir verdächtig vor, und als ich ans Fenster trete, sehe ich eine junge Ringeltaube auf dem Balkon vor mir laufen. Sie scheint den Anflug überstanden zu haben und bewegt sich zum Geländer hin. Mit wenigen Flügelschlägen hebt sie sich darüber hinweg und landet gleich gegenüber in einem blühenden Hibiskusstrauch, etwa zwei Meter über dem Boden. Hier kann ich sie später sitzen sehen und bin ganz beruhigt. Sie hat wohl diesen Platz gewählt, um sich über Nacht zu erholen.

Am nächsten Morgen ist der Strauch leer, die Taube ist verschwunden. Darunter liegt ein Haufen Taubenkot. Offenbar hat sie hier wirklich die Nacht verbracht. Alles gut? Doch zehn Meter weiter liegt etwas Taubengefieder am Boden. Das ist kein gutes Zeichen. 20 Meter weiter unter einem Apfelbaum im Himbeergesträuch entdecke ich dann die zerfetzte Taube. Offenbar hat sie ein Marder erbeutet und weggeschleppt. Vielleicht ist sie auch an Hirnblutung oder anderen Verletzungen gestorben und dann vom Marder gefunden worden. Schade um den jungen Vogel, der das Leben noch vor sich hatte. Seine Flügel und anderes Gefieder wurden sichergestellt, und wir können daraus ersehen, wie die Mauser der jungen Ringeltaube vor sich geht.

Am Fenster kann man am nächsten Tag im Gegenlicht das Geisterbild sehen, das die Taube mit ihrem Federstaub auf der Scheibe hinterlassen hat. Das Fenster war nicht übermäßig gut geputzt – auf diese Weise sollten an sich Anflüge verhindert werden. Wie man an der Befiederung des Flügels erkennen kann, war die Taube nicht durch Mauser flugbehindert. Die kleine Mauserlücke im Handgelenk war für das Fliegen eher unbedeutend. Es war wohl die mangelnde Erfahrung, die sie ins Unglück geführt hat.

DIE RINGELTAUBE – EIN FAZIT

Ein Vogel, der kaum zu Wanderungen neigt, der sich vegetarisch ernährt und seine Jungen mit Kropfmilch aufzieht, kann es sich auch leisten, während des größten Teils des Jahres zu brüten und gleichzeitig in kleinen Schritten sein Gefieder zu erneuern. Das können alles die Ringeltaube und viele ihrer Verwandten.

LITERATUR

Schulze-Hagen, K. (2022): Die Laktation der Taube – ein Review. Vogelwarte 60: 286–287

Die junge Ringeltaube hat sich nach ihrem Unfall am Fenster in einen Hibiskusstrauch zurückgezogen, um hier die Nacht zu verbringen.

HOHLTAUBEN

KLEINE BLAUE WALDTAUBE

Das „Hohl“ in ihrem Namen weist auf den Brutplatz hin: Als einzige heimische Wildtaubenart nistet diese Taubenart in hohlen Bäumen – ihr Bestand erholt sich nach einem Einbruch zusehends. Wie sie lebt, wie sie zieht, wie wir sie schützen können, erfahren Sie hier.

FOTO: SYLVIA ADAMS / STOCK.ADOBE.COM

Die Hohltaube ist deutlich kleiner als die Ringeltaube – auch fehlen ihr die typischen Hals- und Flügelbinden. Das macht sie aber nicht minder hübsch.

TEXT VON
PETRA QUILLFELDT

Ihr Name weist auf den Brutplatz hin, denn die Hohltaube nistet als einzige heimische Wildtaubenart in hohlen Bäumen, und zwar besonders gerne in alten Schwarzspechtlöchern. Hohltauben ähneln den Stadttauben oder unter den Wildtauben den Ringeltauben, sind aber kleiner als diese und wiegen 250 bis 340 Gramm. Sie haben dunkle Knopfaugen und kein Weiß im Gefieder. Der Körper ist blaugrau mit einem smaragdgrün schillernden Fleck am Hals und einer rosa bis weinrot schimmernden Brust. Der Schnabel ist hell. Mit einer Körperlänge von 30 bis 33 Zentimetern und einer Flügelspannweite von bis zu 66 Zentimetern zählt die Hohltaube zu den mittelgroßen Arten in der Familie der Taubenvögel (Columbidae).

SCHEUE BRUTVÖGEL

Hohltauben sind eher scheue Vögel. Sie brüten verborgen in lichten Wäldern und Gehölzen mit alten Baumbeständen, aber auch als Kulturfolger in großen, weitläufigen Parks oder Gärten, Ufergehölzen oder Baumgruppen. Dort hört man ihren etwas monotonen Gesang, ein leises und sich wiederholendes, raues „oo-uo“ oder „hu-ru“. In Dünenlandschaften an der Küste bewohnen sie ebenfalls Höhlen.

Ende Februar bis Anfang März kommen die Hohltauben im Brutrevier an. Oft werden sie dann in der Nähe von Schwarzspechthöhlen gesehen. Dort führen sie auch ihre Balzkämpfe aus, wie sie zum Beispiel vom oberen Neckar beschrieben wurden: Dabei hüpfen oder fliegen die zwei Männchen flatternd aus Distanzen von weniger als einem Meter aufeinander zu, wobei Angriff und Verteidigung zwischen den Tauben ständig wechseln. Die Weibchen sehen dem Imponiergehabe scheinbar unbeteiligt zu. In manchen Fällen fliegen die Männchen auch parallel in die Luft oder aufeinander zu. Wenn das Weibchen einen Partner gewählt hat, unternehmen beide Partner gemeinsam Rundflüge, oft in der Nähe der potenziellen Bruthöhlen, dicht über oder unter den Baumwipfeln. Gelegentlich ist dabei auch ein Flügelklatschen zu hören oder ein kurzer Sturzflug mit angezogenen Flügeln zu sehen.

Um die Höhlen konkurrieren die Hohltauben vor allem mit Schwarzspechten

Die Hohltaube brütet als einzige heimische Wildtaube in Höhlen – etwa wie hier in hohlen Baumstämmen.

FOTO: IGOR WOROBWJOW / STOCK.ADOBE.COM

Nordafrika und in den Nahen Osten hinein. Hohltauben sind in einigen Gebieten wie zum Beispiel in Spanien, Frankreich, Griechenland und Großbritannien Standvögel, in anderen Kurzstreckenzieher, die nur innerhalb von Europa wandern. Hohltauben aus Deutschland sind meistens Kurzstreckenzieher. Sie ziehen zum größten Teil in Winterquartiere in Südwesteuropa, diese liegen vor allem in Frankreich und Spanien. Ab Februar kehren sie wieder in ihre angestammten Brutgebiete zurück.

Bislang war das Zugverhalten vor allem von Ringfunden bekannt, wie Abbildung 2 aus dem Zugvogelatlas zeigt. Dabei stammt jedoch mehr als die Hälfte der Funde von Abschüssen während der Jagdsaison und stellt daher eher eine Momentaufnahme des Zugweges dar, anstatt die Wintergebiete zu identifizieren. Die meisten Abschüsse erfolgten in den Pyrenäen im September und Oktober.

Je mehr Erfahrung die Hohltauben haben, umso weniger sind sie dabei gefährdet. So waren die meisten Jagdopfer Jungvögel, und vor allem die im August und September beringten Hohltauben waren auf dem Zug nach Südwesten etwa doppelt so stark gefährdet wie früher beringte Jungvögel.

LANGSAM HIN

Eine neue Möglichkeit bieten Miniatur-GPS-Sender, die seit Kurzem auch mit Datenübertragung über das Handynetz verfügbar sind, wodurch hochaufgelöste Daten übertragen werden können (Genauigkeit auf fünf Meter alle 15 Minuten). Einen ersten Jahresverlauf konnten wir von einer Hohltaube aus der Nähe von Korbach (Kreis Waldeck-Frankenberg, Hessen) aufnehmen. Diese Hohltaube stammte aus einer zeitigen Brut im Jahr 2023 und wurde als Jungvogel am 21. Juni 2023 besendert. Bis Ende Oktober 2023 hielt sie sich in Nordhessen und darüber hinaus auf, bevor sie über mehrere Etappen ihren Zug in ihr Winterquartier in der Grenzregion zwischen Belgien und Frankreich startete (siehe Abbildung 3). Dort traf sie am 14. November 2023 ein und hielt sich bis zum 3. März 2024 auf.

SCHNELL ZURÜCK

Während der Herbstzug dieses Individuums 22 Tage dauerte, war die Hohltaube im Frühjahr doppelt so schnell und erreichte bereits am 14. März 2024 die heimatliche Gegend in Hessen. Hier hielt sie sich vom 23. April bis zum 14. Mai 2024 vor allem in der Bruthöhle auf und dann noch einmal ab dem 28. Juni. Demnach hat diese Hohltaube bis Juli mindestens zweimal gebrütet.

STABILE BESTÄNDE

Die Hohltaube hat etwa zwischen den späten 1950er-Jahren und den frühen

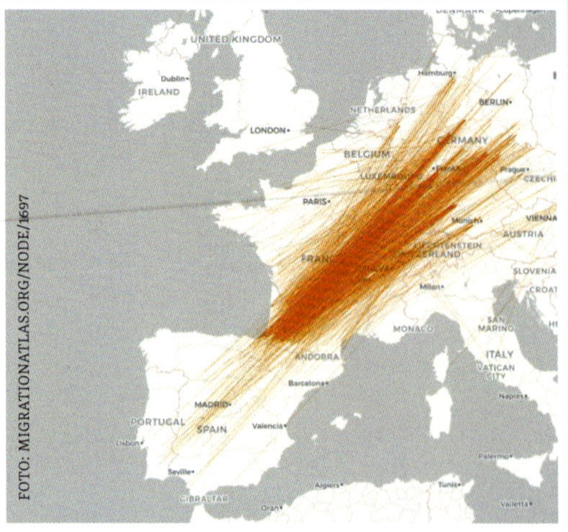

FOTO: MIGRATIONATLAS.ORG/NODE/1697

Abbildung 2: Zugrouten zentraleuropäischer Hohltauben anhand von Ringwiederfunden.

FOTO: DANIEL / STOCK.ADOBE.COM

Hohltauben sind Teil- oder Kurzstreckenzieher, die sich auf dem Rückzug aus den Winterquartieren gerne etwas länger Zeit lassen.

1990er-Jahren erhebliche Bestandsverluste erlitten, vor allem durch Verluste von geeigneten Altholzbeständen mit Schwarzspechtvorkommen. Heute ist der Bestand der Hohltaube dagegen stabil bis zunehmend. Derzeit beläuft sich die Schätzung für Deutschland auf ungefähr 50.000 bis 80.000 Brutpaare.

Die Hohltaube ist also akut nicht gefährdet, dennoch sollten wir ihre Lebensräume erhalten. Dazu gehören insbesondere alte Buchen- und Eichenwälder sowie Bäume mit Spechthöhlen. Des Weiteren können die Bestände durch Anbringen von prädatorensicheren Nistkästen dort gefördert werden, wo das Höhlenangebot ungenügend ist.

Außerhalb des Waldes sollte die Nahrungsgrundlage durch die Förderung der Wildkrautflora verbessert werden, zum Beispiel durch eine ökologische Bewirtschaftung oder Ausgleichsflächen in der Landwirtschaft. Da Hohltauben ihre Nahrung am Boden aufnehmen, eignen sich hierfür vor allem Brachflächen mit spärlichen, zeitig Samen tragenden Kräutern und Gräsern. Davon profitiert neben der Hohltaube auch die gefährdete Turteltaube, außerdem noch andere Samenfresser wie zum Beispiel Finken und Ammern.

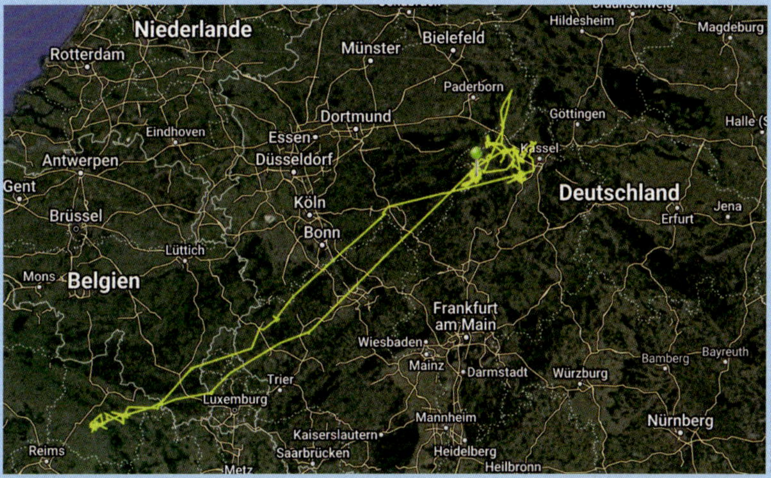

Abbildung 3: Ganzjahres-Track mit der Zugroute einer erstjährigen Hohltaube aus Nordhessen.

LITERATUR

Hillerich, K. (1984): Ergebnisse aus mehrjährigen Planberingungen von Hohltauben (Columba oenas). Vogel und Umwelt 3: 117–134

Keicher, K. (2007): Kommentkämpfe und Balz bei der Hohltaube (Columba oenas) am oberen Neckar (Württemberg). Ornithol. Jh. Bad.-Württ. 23: 57–62

Schumm, Y. R.; Masello, J. F.; Vreugdenhil-Rowlands, J. et al. (2023): Diet composition of wild columbiform birds: next-generation sequencing of plant and metazoan DNA in faecal samples. SciNat 110:38. https://doi.org/10.1007/s00114-023-01863-8

INFORMATION

Es handelt sich um ein Förderprojekt des BfN, das mit Mitteln des Bundesministeriums für Umwelt, Naturschutz, nukleare Sicherheit und Verbraucherschutz (BMUV) finanziert wird.

BESTIMMUNG RINGEL-, HOHL- UND BRIEFTAUBE

IM FLUG NICHT EINFACH

Ein eindrucksvolles Erlebnis ist ab etwa Mitte Oktober der Zug der Ringeltauben, wenn sie in riesigen „Bällen“ oder auch in langen „Bändern“ durch Mitteleuropa ziehen. An Massenzugtagen geht das dann manchmal sogar im Minutentakt und man erhält Tagessummen von mehreren Tausend Individuen. Doch wie können wir die ziehenden Ringeltaubentrupps von aufgelassenen Schwärmen unserer Brieftauben unterscheiden?

TEXT VON **PROF. DR. MARTIN KRAFT,**
MIO – MARBURGER INSTITUT FÜR ORNITHOLOGIE UND ÖKOLOGIE E.V.

Ein erster Hinweis ergibt sich aus der Zugrichtung der Ringeltauben, die im Herbst fast immer von Nordost nach Südwest und im Frühjahr von Südwest nach Nordost verläuft. Abweichungen dieser Zugrichtungen gibt es bei Ringeltauben kaum. Aufgelassene Brieftauben können indes in alle Richtungen ziehen. Im mittelhessischen Lahntal und in angrenzenden Bereichen fliegen sie aber oft von Südost nach Nordwest, weil viele in ihren heimatlichen Schlägen im Ruhrgebiet landen sollen.

BRIEFTAUBEN

Als zweiten Hinweis können wir die Silhouette und die Fluggeschwindigkeit beurteilen: Brieftauben sind kleiner und schlanker, haben spitzere Flügeln und einen etwas kürzeren Schwanz. Sie fliegen immer geradlinig, sehr schnell und reißend. Fluggeschwindigkeiten von 70 bis 80 Kilometern pro Stunde sind dabei keine Seltenheit. Aus der Nähe würden wir dann auch die unterschiedlichen Farben und das fehlende Weiß am Hals und in den Flügeln bei den Brieftauben erkennen.

RINGELTAUBEN

Ringeltauben wirken auch im Flug etwa so groß wie eine Krähe und haben im Vergleich zu den Brieftauben einen etwas langsameren Flug, der zumeist 70 Kilometer pro Stunde nicht überschreitet. Die Schwärme können manchmal Trupps von 5.000 bis 10.000 Vögeln umfassen, wobei solche Mengen nur noch geschätzt werden können. Ihre Silhouette zeichnet sich durch etwas rundlichere Flügel und den langen Schwanz mit der schwarzen Endbinde aus. Aus der Nähe und bei gutem Licht auch auf weitere Entfernungen erkennbar sind die weißen Längsstreifen auf den Flügeln, die auch die Jungvögeln bereits tragen. Der Kopf wird noch etwas mehr als bei der Brieftaube vorgestreckt.

Manchmal überwintern Ringeltauben in großen Trupps in Wäldern, aber ebenso in Feldgehölzen sowie innerörtlichen Parkanlagen und auf Friedhöfen. Inzwischen sind sie zu Kulturfolgern geworden, die ganzjährig in unseren Städten anzutreffen sind.

Unsere langjährigen Erfassungen haben ergeben, dass Ringeltauben bis zu viermal im Jahr erfolgreich brüten können. Hinzu kommt, dass sie als größte einheimische Taube der Türkentaube überlegen ist. Nach den Ergebnissen meiner Langzeit-

BRIEFTAUBE/ FELSENTAUBE

1. Spitze Flügel
2. Kein Weiß am Hals und an den Flügeln
3. Etwas kürzerer Schwanz

Die von der Felsentaube abstammenden Brief- oder Haustauben sind insgesamt kleiner und schlanker als Ringeltauben. Sie fliegen schnell und geradlinig. Farblich können sie sehr variabel sein.

RINGELTAUBE

1. Weißer Halsfleck
2. Weißer Flügellängsstreif
3. Rundliche Flügel
4. Langer Schwanz mit schwarzer Endbinde

studie haben die Ringeltauben im Raum Marburg in den letzten Jahren deutlich zugenommen, vor allem im Stadtgebiet von Marburg.

Die Zahlen ziehender Ringeltauben sind eher stabil bis leicht ansteigend. Die nordischen Populationen der Ringeltaube ziehen jedoch bis nach Südspanien, wo sie in großer Zahl zumeist in den Korkeichenwäldern der Extremadura überwintern. Im Frühjahr kehren sie bereits von Anfang/Mitte Februar bis Ende März zurück und überfliegen dabei das mitteleuropäische Binnenland nicht selten in sehr großer Höhe und auch zeitweise in der Nacht (vorwiegend im Frühjahr). Das führt dazu, dass der Heimzug der Ringeltaube für die Zählerteams weit weniger auffällig verläuft als der markante Wegzug. Ringeltauben bevorzugen übrigens in beiden Zugperioden Hochdruckwetterlagen mit einer guten Fernsicht sowie leichten bis mäßigen Rückenwind.

Stehend wirken Ringeltauben sehr groß und kräftig. Gut zu erkennen sind dann der kennzeichnende weiße Halsfleck und die helle gelbliche Iris. Der weiße Halsfleck fehlt den Jungvögeln noch, weshalb diese mit einer Hohltaube verwechselt werden können.

Im Flug fallen bei der Ringeltaube vor allem die langen weißen Bänder auf den Flügeln auf sowie der lange Schwanz mit der schwarzen Endbinde.

Die Haustaube rechts ist kleiner als die Ringeltauben und ihr fehlen die auffallenden weißen Flügelbinden. Zudem sind ihre Flügel etwas spitzer.

FOTO: STEFAN PÜTZKE / GREEN-LENS.DE

HOHLTAUBEN

Die nah verwandte Hohltaube ist deutlich seltener als ihre große Schwester, die Ringeltaube, obwohl sie in den letzten Jahren vielerorts merklich zugenommen hat. Auch Hohltauben kann man manchmal mitten im Winter und in der letzten Zeit sogar zunehmend in den Städten beobachten. Von der Größe her erinnern sie eher an unsere Brief- und Straßentauben, doch sind sie noch etwas kleiner als diese und haben rundlichere Flügel. Dieser minimale Unterschied fällt aber nur im Flug auf.

Bereits ab Mitte/Ende Juli formieren sich die ersten artreinen Hohltaubentrupps in der offenen Kulturlandschaft. Genaue Zahlen kann man dann an traditionellen Schlafplätzen ermitteln. An den Martinsweihern bei Niederwalgern gibt es in dem kleinen Wäldchen einen solchen Schlafplatz. Dort habe ich im Juli schon bis zu 850 Hohltauben zählen können. Inzwischen brüten dort auch alljährlich zwei bis drei Paare in eigens dafür aufgehängten Nistkästen.

Auf dem Zug erreicht die Hohltaube aber nicht so große Zahlen wie die Ringeltaube. Hohltauben ziehen bereits ab Anfang August und haben ihren Höhepunkt zumeist schon Mitte September überschritten. Dennoch kann man auch danach noch ziehende Hohltauben sehen, wenn sie in großen Ringeltaubentrupps einzeln oder in kleinen Trupps mitfliegen. Sie lassen sich dabei an ihrer geringeren Größe und dem fehlenden Weiß auf dem Hals und den Flügeln erkennen. Im direkten Vergleich zur Ringeltaube fällt die Unterscheidung leichter, denn die Hohltaube ist merklich kleiner und kompakter, hat einen kürzeren Hals und einen kürzeren Schwanz. Ihre wie bei der Ringeltaube blaugraue Farbe wird auf der Flügeloberseite durch ein schwarz umrahmtes helleres Grau und wie bei dieser durch ein schwarzes Schwanzendband unterbrochen.

Aus der Ferne und bei hellem Licht kann das hellgraue Flügelfeld manchmal so weiß wie der Flügelstreif der Ringeltaube wirken, doch die Silhouette ist anders und zudem ist der gesamte Handflügel bei der Ringeltaube dunkel, während sich die schwarze Umrahmung des Flügels bei der Hohltaube lediglich von der Flügelspitze bis zu den inneren Armschwingen zieht.

Im Stehen fallen bei der Hohltaube die dunkle Iris und zwei kleine schwarze Streifen in den Armflügeln auf. Besonders schön können bei entsprechendem Lichteinfall ihre dann metallisch rötlich oder grünlich schimmernden Halsseiten wirken. Dieser schimmernde Fleck befindet sich bei der Ringeltaube mehr an den hinteren Halsseiten.

Reine Hohltaubentrupps fliegen etwas schneller als Ringeltauben, doch erreichen sie nicht den reißend schnellen Flug der Brieftauben. Im Gegensatz zu diesen haben sie graue statt weiße Unterflügel.

Wenn die Hohltauben im Spätsommer als reine Trupps bereits durchgezogen sind, ist es sehr wichtig, dass man bei Zählungen nach ihnen innerhalb der großen Ringeltaubentrupps Ausschau hält, denn die letzten im Herbst ziehenden Hohltauben fliegen oft in Trupps der Ringeltaube mit. Das genaue Erfassen der spät ziehenden Hohltauben in den Schwärmen der Ringeltauben ist demnach für die Gesamtzahl, aber auch für deren Phänologie wichtig. Bei weit entfernt ziehenden „Bällen“ der Ringeltaube ist es allerdings kaum oder auch gar nicht mehr möglich, mitziehende Hohltauben quantitativ zu erfassen.

In Ringeltaubentrupps integrierte Brieftauben gibt es ebenfalls manchmal, doch haben diese im Vergleich zur Hohltaube fast immer helle Unterflügel. Außerdem zeigen diese Vögel in der Regel ganz unterschiedliche Farben von dunklen bis zu ganz hellen Individuen. Die an die Stammform, die Felsentaube, erinnernden Individuen zeigen wiederum einen weißen Bürzel und zwei dunkle Flügelstreifen. Zudem sind die Handschwingen spitzer als bei den anderen beiden Arten.

FOTOS: STEFAN PFÜTZKE / GREEN-LENS.DE

Hohltauben zeigen im Flug auf den Flügeln ein hellgraues Feld, welches bei hellem Licht weiß erscheinen kann. Der Schwanz ist jedoch wesentlich kürzer als bei der Ringeltaube.

FOTO: DR. ACHIM ZEDLER

FOTO: DR. ACHIM ZEDLER

FOTO: BENNYTRAPP / STOCK.ADOBE.COM

TURTELTAUBEN-POPULATION

WILDTAUBE

Die Europäische Turteltaube zählt gleich zu zwei bedrohten Gruppen von Vögeln – den Langstreckenziehern und den Agrarvögeln. Mit welchen Herausforderungen die Art zur Brut- und Zugzeit zu kämpfen hat, erfahren Sie hier.

TEXT VON
YVONNE R. SCHUMM UND PETRA QUILLFELDT

Die Europäische Turteltaube ist unsere kleinste heimische Wildtaube. Sie zeichnet sich durch ihr zierliches Aussehen, den schlanken Körperbau und die weichen, melodischen „turr turr"-Rufe aus, mit denen sie ihrem Namen alle Ehre macht. Die Turteltaube misst etwa 26 bis 28 Zentimeter und hat eine Flügelspannweite von 47 bis 53 Zentimetern. Ihr bräunliches Gefieder zeigt eine rostbraune Zeichnung im Flügel und einen charakteristischen schwarz-weißen Streifen am Hals, der besonders im Frühling und Sommer zur Geltung kommt.

Bei der Balz ruft das Männchen regelmäßig von einem erhöhten Platz aus, um ein Weibchen anzulocken und sein Revier zu markieren. Zudem wartet das Männchen oft mit eindrucksvollen Flugvorführungen auf, bei denen es in die Höhe steigt und dann in einer sanften Kurve herabsegelt, wobei es seine Flügel in einem weiten Bogen ausstreckt. Hat der Täuber die Aufmerksamkeit eines Weibchens erregt, richtet er sich auf, spreizt das Schwanzgefieder und zeigt die kontrastierenden Farben seines Halses.

Leider ist die Turteltaube in vielen Teilen ihres Verbreitungsgebiets durch Lebensraumverlust und Bejagung gefährdet, was ihre Beobachtung in der freien Natur zunehmend seltener macht.

Die Turteltaube ist ein Langstreckenzieher und muss die Sahara überfliegen, um in ihr Überwinterungsgebiet in der Sahelzone zu gelangen.

IN NOT

EUROPAWEITER RÜCKGANG

Die Europäische Turteltaube zählt gleich zu zwei bedrohten Gruppen von Vögeln: Dies sind zum einen Vogelarten, die mit der Agrarlandschaft assoziiert sind, und zum anderen Langstreckenzieher. Unter den in Europa einheimischen Wildtauben ist die Art die einzige, welche auf ihrem Zug die Sahara überfliegt und deren Überwinterungsgebiete in der afrikanischen Sahelzone liegen.

Für die Ernährung und insbesondere ein erfolgreiches Brutgeschehen ist die Turteltaube auf Sämereien von Wildkräutern angewiesen. Diese findet sie in ihren europäischen Brutgebieten auf lichten bis offenen, niedrig bewachsenen Flächen, überwiegend in der Agrarlandschaft und auf Brachen.

Früher war die Turteltaube ein weit verbreiteter und relativ häufiger Brutvogel in weiten Teilen des europäischen Kontinents. In den letzten Jahrzehnten gab es jedoch starke Bestandsrückgänge. Europaweit betrug der Bestandsrückgang zwischen den Jahren 1980 bis 2017 etwa 80 Prozent, sodass die Turteltaube von der IUCN (Internationale Union zur Bewahrung der Natur) als „gefährdet" eingestuft wird und in der EU eine Aktualisierung des internationalen Aktionsplans für die Art erfolgte. Die drei Hauptbedrohungen sind demnach:

- Der Verlust und die Veränderungen der Lebensräume in den Brut- und auch Überwinterungs- sowie Rastgebieten, verbunden mit Änderungen in der Landnutzung und Bodenbedeckung.
- Illegales Fangen und Töten.
- Unhaltbare legale Jagdzahlen.

IMMER SELTENER IN HESSEN

In Deutschland zählt die Turteltaube mittlerweile ebenfalls zu den seltenen Vogelarten. Bundesweit liegt die Schätzung bei nur noch etwa 12.500 bis 22.000 Brutpaaren und die Einstufung in den jeweiligen Roten Listen der Bundesländer reicht von „Vorwarnliste" bis „Ausgestorben". Die größten Bestände während der Jahre 2005 bis 2009 gab es in Hessen (4.000 bis 6.000 Brutpaare/Reviere), Niedersachsen (3.300 bis 6.500 Brutpaare/Reviere), Rheinland-Pfalz (2.700 bis 6.500 Brutpaare/Reviere) und in Sachsen-Anhalt (2.700 bis 6.500). Mehr als zehn Prozent des bundesdeutschen Bestands an

Turteltauben lebt in Hessen. Gleichzeitig handelt es sich bei der Turteltaube aber auch um eine der am stärksten abnehmenden Arten Hessens. Extrem starke Populationsrückgänge für die Turteltaube werden im Beitrag „Zum Erhaltungszustand der Brutvogelarten Hessens" genannt. In der Gesamtbewertung wird der Erhaltungszustand der Turteltaube in Hessen dort als „ungünstig bis schlecht" eingestuft.

Die besorgniserregende anhaltende Populationsabnahme motivierte verschiedene Forschungsarbeiten an der Turteltaube durch unsere Arbeitsgruppe an der Justus-Liebig-Universität Gießen. Dafür haben wir in Zusammenarbeit mit der Staatlichen Vogelschutzwarte Hessen ein Artenhilfskonzept (AHK) für die Europäische Turteltaube in Hessen erarbeitet. Im Rahmen dieses Artenhilfskonzepts werden nach einem allgemeineren Teil zur Biologie der Turteltaube Hilfsmaßnahmen vorgeschlagen, beispielsweise zur Verbesserung der Nahrungsverfügbarkeit in den Bruthabitaten.

NAHRUNGSVORLIEBE IM WANDEL

Turteltauben ernähren sich fast ausschließlich von Sämereien und Körnern.

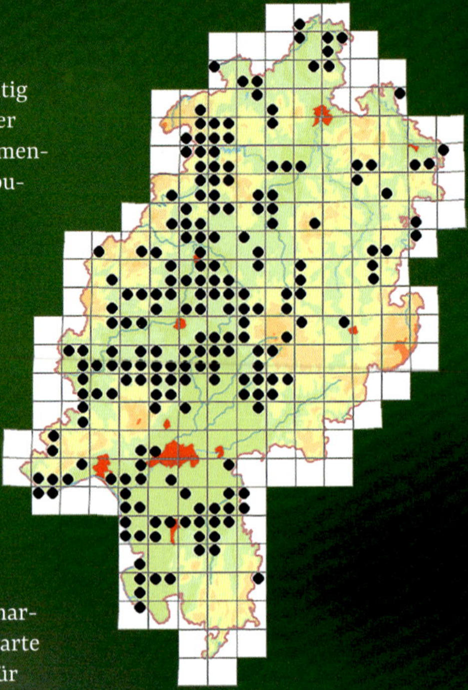

Vorkommen der Europäischen Turteltaube in Hessen. Abgebildet sind berücksichtigte Ornitho-Meldungen sowie Meldungen aus der Kartierung der Altnachweise und Potenzialflächen (Jahre 2020 bis 2022 jeweils im Zeitraum vom 15. Mai bis zum 30. Juni) als schwarzer Kreis. Karte erstellt in MultiBaseCS 5.0.0.10.

Diese sammeln sie vom Boden auf, vor allem auf (brachliegendem) Ackerland, niedrigen Wiesen oder an Wegrändern und anderen Krautfluren, gelegentlich auch im Wald (Koniferensamen). Noch bis vor wenigen Jahrzehnten boten traditionell bewirtschaftete Kulturlandschaften den Turteltauben abwechslungsreiche Lebensräume mit einer Mischung aus Kultur- und Wildpflanzen („Ackerunkräuter"), die als Nahrungsquelle dienten. Durch die veränderte, intensive Nutzung der Agrarlandschaft finden Turteltauben heute jedoch weniger Nahrung. Monokulturen und der verstärkte Einsatz von Agrarchemikalien führen zum Verschwinden der Ackerwildkräuter.

Dass aber gerade die Samen der Wildkräuter für die Aufzucht der Turteltaubenküken wichtig sind, da diese ihre Kondition positiv beeinflussen, zeigte eine Studie aus Großbritannien. Bei der Identifizierung von Nahrungspflanzen aus Kropfinhalten und Kotproben wurde aufgezeigt, dass sich die Nahrungszusammensetzung verändert hat: Während in den 1960er-Jahren die Nahrung zu mehr als 90 Prozent aus nicht kultivierten, wilden Pflanzensämereien wie Vogelknöterich, Vogelwicke und Erdrauch bestand, wiesen Proben, die in den Jahren 1998

FOTO: MANUEL / STOCK.ADOBE.COM

Turteltauben ernähren sich am Boden. Sie sammeln dort Getreide, Samen von Wildgräsern und Baumfrüchte auf.

bis 2000 gesammelt wurden, einen durchschnittlichen Anteil von 61 Prozent kultivierter Pflanzen, hauptsächlich Weizen und Raps, auf. Diese sind erst später im Jahr verfügbar, und haben vermutlich einen geringeren Nährwert. Gleichzeitig sank der Bruterfolg von durchschnittlich 2,1 auf 1,3 flügge Jungvögel pro Brutpaar.

Turteltauben müssen deshalb auch weitere Wege zwischen geeigneten Brut- und Nahrungsrevieren zurücklegen. So zeigte eine Tracking-Studie, die auch besenderte Individuen aus Hessen beinhaltet, dass ein höherer Anteil an landwirtschaftlichen Flächen innerhalb des Aktionsraums zu einer Zunahme der Größe von diesem führte. Eine Studie aus Italien zeigte, dass Gebiete mit einem hohen Anteil an Kulturpflanzen von Turteltauben gemieden wurden. In intensiv landwirtschaftlich genutzten Landschaften müssen Turteltauben also weiter fliegen, um hochwertige Nahrungsressourcen zu finden. Im internationalen Aktionsplan werden daher Maßnahmen, welche die Abundanz und Zugänglichkeit von geeigneten Nahrungsressourcen, insbesondere von Ackerwildkräutern, fördern, als essenziell angesehen.

TURTELTAUBENBRACHEN

Hessen bietet daher als erstes Bundesland eine spezielle Agrarumweltmaßnahme an, die „Turteltauben-Brache". Im Rahmen des Hessischen Programms für Agrarumwelt- und Landschaftspflege-Maßnahmen (HALM) soll erreicht werden, dass während und nach der Brutzeit Flächen mit ausreichend abwechslungsreicher, niedriger (maximal 12 Zentimeter) und samenreicher Vegetation zur Nahrungssuche vorhanden sind. Hierzu sollen offene

STECKBRIEF

Turteltaube
Streptopelia turtur

Körperlänge	26 bis 28 Zentimeter
Spannweite	47 bis 53 Zentimeter
Gewicht	85 bis 170 Gramm
Nahrung	Getreide, Wildgräser, Samen von Nadelhölzern, Birken, Erlen und Robinien
Lebensraum	Laub-, Nadel- und Mischwälder sowie Feldgehölze, Parkanlagen, Ödländer, Auwälder
Brutzeit/ Jungenaufzucht	Mai bis August, 2 Eier, Brutdauer 14 bis 16 Tage, flügge nach 12 bis 15 Tagen
Zug	Langstreckenzieher
Höchstalter	Bis zu 13 Jahre
Status	Stark gefährdet

FOTO: ECREATIVENATURE.NL / STOCK.ADOBE.COM

Zwischen Brut- und Nahrungsrevieren liegen teilweise große Strecken, die von den Vögeln zurückgelegt werden müssen.

FOTO: MAX5128 / STOCK.ADOBE.COM

Die wunderschöne, bunte Turteltaube hat charakteristische schwarz-weiße Halsstreifen.

FOTO: CREATIVENATURE.NL / STOCK.ADOBE.COM

(optimal: weniger als 50 Prozent des Bodens bedeckt), bracheähnliche Flächen mit einer Größe von 0,1 bis maximal zwei Hektar durch die Einsaat mit einer abgestimmten Futtermischung geschaffen werden. Die mehrjährig bewirtschafteten Maßnahmenflächen sollten sich dabei in der Nähe von Waldrändern oder größeren Gehölzinseln (Nistmöglichkeiten) und einer Trinkstelle befinden. Für die Einsaat wurde eine regionale Wildkräutermischung zusammengestellt, welche auf die Ernährung von Turteltauben abgestimmt ist. Für die Zusammensetzung der Samenmischung wurde auf die Erfahrung aus Forschungsprojekten aus anderen europäischen Ländern und auf die Ergebnisse einer Nahrungsanalyse anhand von gesammelten Kotproben zurückgegriffen. Zudem wurde angestrebt, dass die Samenmischung an landwirtschaftliche Belange angepasst ist, zum Beispiel durch den Verzicht auf Hahnenfußgewächse.

WO NOCH ZU FINDEN?

Turteltauben werden als „Ökoton-Art“ zwischen Wald und offener Landschaft angesehen. Sie kommen in Landschaften mit einem vielfältigen, kleinräumig gegliederten Lebensraum mit einem Mosaik aus offenen Flächen zur Nahrungssuche, oft Acker- oder Grasland, angrenzend an bewaldete Gebiete oder Feldgehölze, die als potenzieller Nistplatz dienen, vor. In Deutschland fanden sich Turteltauben ehemals vor allem in Auwäldern, an Waldsäumen und auf Waldlichtungen. Heutzutage liegen die Lebensräume in offenen und halb offenen Landschaften – entweder in der vom Menschen geprägten und genutzten Kulturlandschaft oder in strukturreichen Wäldern mit Lichtungen und einem dichteren Jungwuchs.

In Hessen wurden die Habitatpräferenzen der Turteltaube beispielhaft für den Wetteraukreis, einem agrarwirtschaftlich stark geprägten Landkreis, untersucht. Hierzu wurden im Juni des Jahres 2013 Flächen von einem Quadratkilometer Größe mit ehemals bekannten Turteltaubenvorkommen anhand von Rufnachweisen auf Besatz kontrolliert. Nur in 20 von 64 untersuchten Flächen konnten noch rufende Turteltauben nachgewiesen werden. Dabei stellte sich heraus, dass die Turteltauben in der zentralen Wetterau, der „Kornkammer Hessens“, vollständig verschwunden waren. Die noch besiedelten Gebiete lagen am Rand in den weniger intensiv genutzten Ausläufern des Taunus sowie des Vogelsbergs.

ABNAHME DER BESTÄNDE

Im Rahmen der Erstellung des Artenhilfskonzepts wurde angestrebt, das aktuelle Vorkommen der Turteltaube in Hessen möglichst genau abzubilden. Hierfür wurden zwei Ansätze verfolgt: Zum einem die Kontrolle von Gebieten mit Altnachweisen (Turteltaubennachweis vor 2016) und zum anderen die Kontrolle von Gebieten mit hohem Vorkommenspotenzial, eingeschätzt basierend auf einer Habitat-Modellierung von Marx und Quillfeldt (2018), und zwar in den vier Landkreisen Vogelsberg, Wetterau, Gießen und dem Lahn-Dill-Kreis.

Die Kontrolle der Altnachweise und Potenzialflächen erfolgte unter Mitarbeit zahlreicher ehrenamtlicher Helferinnen und Helfer sowie in Zusammenarbeit mit der Hessischen Gesellschaft für Ornithologie und Naturschutz e. V.

(HGON). Die erhobenen Daten aus den Gebietskontrollen wurden gemeinsam mit weiteren auf ornitho.de (und der dazugehörigen App NaturaList) gemeldeten Turteltaubennachweisen und Nachweisen, die anderweitig zugetragen wurden, ausgewertet. Als aktuelle Verbreitung wurden Nachweise aus den Jahren 2020 bis 2022 berücksichtigt, die im Zeitraum vom 15. Mai bis 30. Juni erfolgten.

Insgesamt lagen aus den drei Jahren 706 ornitho-Meldungen vor. Im Vergleich zur Verbreitungskarte für den Zeitraum 2005 bis 2009 basierend auf der ADEBAR-Kartierung fällt auf (siehe Brutvogelatlas HGON 2010), dass es im aktuellen Zeitraum 2020 bis 2022 für deutlich weniger Quadranten Turteltaubennachweise gab. Dies ist insbesondere in den östlichen Landkreisen wie dem Odenwaldkreis, dem Main-Kinzig-Kreis, Fulda, dem Hersfeld-Rotenburg- und Werra-Meißner-Kreis ausgeprägt. Der beobachtete europaweite Rückgang scheint sich also in einer deutlichen Minimierung der Verbreitungsgebiete der Turteltaube in Hessen widerzuspiegeln.

Basierend auf den berücksichtigten Daten ergeben sich für den Untersuchungszeitraum 2020 bis 2022 gerundet 360 besetzte Gebiete. Da in einigen Gebieten mehrere rufende Individuen gehört oder mehrere Individuen gesehen wurden und durch die Methode nicht alle Turteltauben erfasst wurden, kann schätzungsweise von einem Bestand von etwa 350 bis 1.050 Turteltaubenrevieren in Hessen ausgegangen werden. Dies entspricht einer Abnahme von etwa 10 bis 30 Prozent gegenüber den Bestandszahlen aus dem Jahr 2016. Im Rahmen des Artenhilfskonzepts werden verschiedene Maßnahmen beschrieben, um die Eignung von Habitaten über die Optimierung der Nahrungsverfügbarkeit hinaus zu verbessern. Hierzu zählen beispielsweise die Schaffung geeigneter Trinkmöglichkeiten oder der Aufbau und die Pflege gestufter Waldränder.

ZUGWEGE SCHÜTZEN

Neben den Hilfsmaßnahmen im Brutgebiet gehen gleichzeitig die Anstrengungen weiter, um die Turteltauben auch auf dem Zugweg besser zu schützen. Bis vor Kurzem wurden in der Europäischen Union legal bis zu zwei Millionen Turteltauben pro Jahr gejagt, wobei die höchsten Zahlen in Spanien, Griechenland und Italien zu verzeichnen waren. Beunruhigt über den Rückgang der Art hat die Europäische Kommission 2018 einen Zehn-Jahres-Aktionsplan für die Turteltaube veröffentlicht. Bis zur Entwicklung eines adaptiven Managementmodells für die legale Turteltaubenjagd empfahl sie ein Jagdmoratorium. Dieses ist seit 2021 in den EU-Ländern des Westzugwegs (Spanien, Frankreich, Portugal) in Kraft, während die Mitgliedsstaaten des zentral-östlichen Zugwegs (Italien, Griechenland) nur einer Reduktion der Jagdzahlen zugestimmt haben.

Die Turteltaube wird oft mit Liebe und Treue assoziiert und taucht in zahlreichen Gedichten, Liedern und Geschichten auf. Es ist immer ein besonderes Erlebnis, sie während ihres kurzen Aufenthalts in Deutschland von Mai bis September zu beobachten. Nur durch gleichzeitige Maßnahmen in den Brutgebieten und besseren Schutz während des Zugs können wir ihre Bestände hier langfristig sichern.

LITERATUR

Browne, S. J., Aebischer, N. J. (2005): Studies of Western Palearctic birds: Turtle-dove. British Birds 98: 58–72

Browne, S. J., Aebischer, N. J. (2003): Habitat use, foraging ecology and diet of Turtle Doves Streptopelia turtur in Britain. Ibis 145: 572–582

Carboneras, C., Moreno-Zarate, L., Arroyo, B. (2022): The European Turtle Dove in the ecotone between woodland and farmland: multi-scale habitat associations and implications for the design of management interventions. J Ornithol 163: 339–355. https://doi.org/10.1007/s10336-021-01946-1

Chiatante, G., Porro, Z., Meriggi, A. (2021): The importance of riparian forests and tree plantations for the occurrence of the European Turtle Dove Streptopelia turtur in an intensively cultivated agroecosystem. Bird Conserv Int 31: 605–619. https://doi.org/10.1017/S0959270920000532

Dunn, J. C., Stockdale, J. E., Moorhouse-Gann, R. J. et al. (2018): The decline of the Turtle Dove: dietary associations with body condition and competition with other columbids analysed using high-throughput sequencing. Mol Ecol 27: 3386–3407. https://doi.org/10.1111/mec.14766

Fisher, I., Ashpole, J., Scallan, D. et al. (2018): International single species action plan for the conservation of the European Turtle Dove Streptopelia turtur (2018 to 2028). European Commission Technical Report 2018

HGON (2010) Hessische Gesellschaft für Ornithologie und Naturschutz (Hrsg.): Vögel in Hessen. Die Brutvögel Hessens in Raum und Zeit. Brutvogelatlas. Echzell

Kleemann, L., Quillfeldt, P. (2014): Habitatpräferenzen der Turteltaube Streptopelia turtur am Beispiel des hessischen Wetteraukreises. Vogelwarte 52: 1–11

König, C., Gerlach, B., Trautmann, S., Wahl, C. (2020): Die Turteltaube in Deutschland: starke Bestands- und Verbreitungsrückgänge beim Vogel des Jahres 2020. In: Nationalatlas aktuell 14 (05.2020) 3 (07.05.2020). Leipzig: Leibniz-Institut für Länderkunde (IfL). http://aktuell.nationalatlas.de/Turteltaube-3_04-2020-0-html/

Marx, M., Quillfeldt, P. (2018): Species distribution models of European Turtle Doves in Germany are more reliable with presence only rather than presence absence data. Sci Rep 8: 16898. https://doi.org/10.1038/s41598-018-35318-2

Ryslavy, T., Bauer, H.G., Gerlach, B., Hüppop, O., Stahmer, J., Südbeck, P., Sudfeldt, C. (2020): Rote Liste der Brutvögel Deutschlands. 6. Fassung. In: Deutscher Rat für Vogelschutz (Hrsg.): Berichte zum Vogelschutz. Band 57

Schumm, Y. R., Metzger, B., Neuling, E. et al. (2021): Year-round spatial distribution and migration phenology of a rapidly declining trans-Saharan migrant – evidence of winter movements and breeding site fidelity in European turtle doves. Behav Ecol Sociobiol 75: 152. https://doi.org/10.1007/s00265-021-03082-5

Schumm,Y. R., Eichler, L., Quillfeldt, P. (2022): Artenhilfskonzept für die Europäische Turteltaube (Streptopelia turtur) in Hessen. Gutachten im Auftrag der Staatlichen Vogelschutzwarte Hessen (Hessisches Landesamt für Naturschutz, Umwelt und Geologie)

Schumm, Y. R., Masello, J. F., Vreugdenhil-Rowlands, J. et al. (2023): Diet composition of wild columbiform birds: next-generation sequencing of plant and metazoan DNA in faecal samples. SciNat 110:38. https://doi.org/10.1007/s00114-023-01863-8

Werner, M., Bauschmann, G., Hormann, M., Stiefel, D. (2014): Zum Erhaltungszustand der Brutvogelarten Hessens. Zeitschrift für Vogelkunde und Naturschutz in Hessen. Vogel und Umwelt 21: 37–69

TURTELTAUBENBESENDERUNG

BERICHT EINER FERNREISE

Turteltauben legen im Laufe eines Jahres lange Wege zurück. Wo sie sich wann aufhalten, hat eine Studie mit einem besenderten Turteltauben-pärchen aufgeklärt – mit spannenden Ergebnissen.

FOTO: AGAMI / STOCK.ADOBE.COM

Turteltauben sind begnadete Flieger, die lange Strecken in ihre Überwinterungsgebiete zurücklegen.

FOTO: CREATIVENATURE.NL / STOCK.ADOBE.COM

TEXT VON **HANNES RUSS, UTA GERZ, YVONNE R. SCHUMM UND PETRA QUILLFELDT**

Mit mehr als 100 Vogelarten und über zwei Milliarden Individuen ist der Afro-Paläarktische Vogelzug der meistgenutzte für landlebende Vögel weltweit. Viele europäische Brutvögel legen für die Überwinterung Distanzen zurück, die je nach Art von der Überquerung der Sahara oder auch bis nach Südafrika reichen. Eine Vogelart, die Teil dieses Zugwegs ist und jedes Jahr Tausende Kilometer auf sich nimmt, um dem europäischen Winter zu entkommen, ist die wärmeliebende Turteltaube (Streptopelia turtur). Sie ist die einzige in Deutschland vorkommende Taubenart, die während des Zugs die Sahara überquert und somit zu den Langstreckenziehern zählt. Der Herbstzug beginnt in den Monaten August/September und dauert circa einen Monat. Den Großteil des Jahres verbringen die Vögel dann im Überwinterungsgebiet in der Sahelzone, bevor sie sich im April wieder auf den Rückweg machen. Der Frühjahrszug dauert ähnlich lange wie der Herbstzug. Oft wird nicht die exakte Route für Frühjahrs- und Herbstzug genommen, sondern eine Art Schleife geflogen (Loop Migration). Um von den europäischen Brutgebieten in das afrikanische Überwinterungsgebiet zu gelangen, gibt es für Turteltauben mehr als nur einen Weg. Da terrestrische Vögel häufig versuchen, Distanzen über das offene Meer so gering wie möglich zu halten, nutzen Turteltauben zwei Hauptzugrouten entlang der europäischen Mittelmeerküsten. Individuen aus Großbritannien, den Niederlanden, Frankreich oder Spanien ziehen nach Südwesten, um unter anderem über die Straße von Gibraltar nach Marokko und später in die westliche Sahelzone zu ziehen. Die andere europäische Hauptroute führt über die Balkanländer und Griechenland oder über Italien und Malta in Richtung Libyen sowie Tunesien und endet ebenfalls in der Sahelzone, allerdings weiter östlich.

Eine 2021 durchgeführte Besenderungsstudie fand heraus, dass die in Deutschland vorkommenden Turteltauben unterschiedliche Zugrouten nahmen – abhängig von ihren Brutgebieten. In Hessen besenderte Vögel nahmen die

Das Turteln der Turteltaube ist das Symbol der Liebe, sie gelten als Glücksträger. Hier ist es Ausdruck von Balz und Paarbindung.

Abb. 1: Turteltaube mit GPS-GSM-Sender, welcher mit einem Geschirr aus Silikonschläuchen an dem Vogel befestigt wurde.

FOTO: PETRA QUILLFELDT

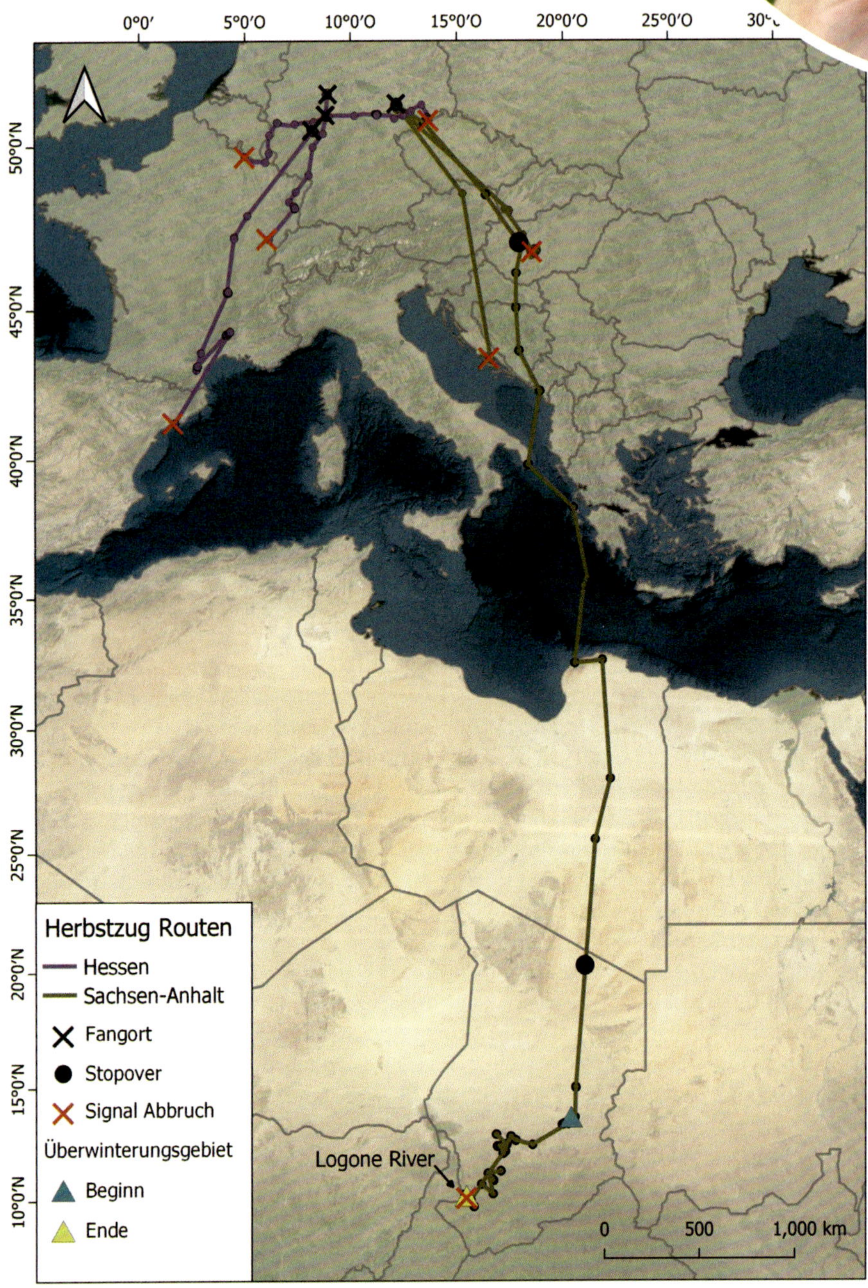

Abb. 2: Anhand von GPS- und Base-Station-Daten ermittelte Zugrouten von im Jahr 2023 besenderten Turteltauben aus Hessen und Sachsen-Anhalt. Die vier hessischen Tauben stammen von drei verschiedenen Fangorten, in Sachsen-Anhalt wurden alle drei Tauben am selben Ort gefangen.

Westroute über Frankreich und Spanien, während Tauben aus Brandenburg entlang der Zentral-/Ostroute flogen. Die Trennungslinie der beiden Zugwege schien in Deutschland zu liegen. Wo genau sie verläuft, blieb jedoch noch unklar.

ZUGWEGE UND JAGD

Eine der Hauptgefährdungen für die europäische Population der Turteltaube ist außer dem Verlust von Lebensräumen in den Brut- und Überwinterungsgebieten die Jagd. Neben dem illegalen Fang und Töten, welches hauptsächlich im Mittelmeerraum stattfindet, gibt es einige Länder, in denen die Bejagung von Turteltauben legal ist. Zwar ist die Jagd auf Turteltauben in Deutschland durch eine ganzjährige Schonung verboten, auf dem Zug nach Afrika passieren die Tauben aber zwangsläufig Länder, in denen das nicht der Fall ist. Politische Entscheidungen, welche die Jagdzahlen in der EU kontrollieren und seit einigen Jahren auch reduzieren, beziehen sich dabei nicht einheitlich auf die gesamte Art oder europäische Population, sondern differenzieren zwischen den Zugwegen. So gibt es seit 2021 ein temporäres Moratorium (kompletter Jagdstopp für einen begrenzten Zeitraum) für die europäischen Länder entlang der Westzugroute. Entlang der Zentral-/Ostzugroute wurden nur Reduzierungen umgesetzt. Ob Turteltauben in Deutschland zu den West- oder Ostziehern gehören, hat also einen direkten Einfluss auf das Gefährdungspotenzial auf dem Zug.

Routen eines hessischen Turteltaubenbrutpaares in den Phasen: fünf Tage vor Brutbeginn (19. bis 23. Juni 2023), in der ersten Brutwoche (24. bis 30. Juni 2023) und in der zweiten Brutwoche (1. bis 8. Juli 2023).

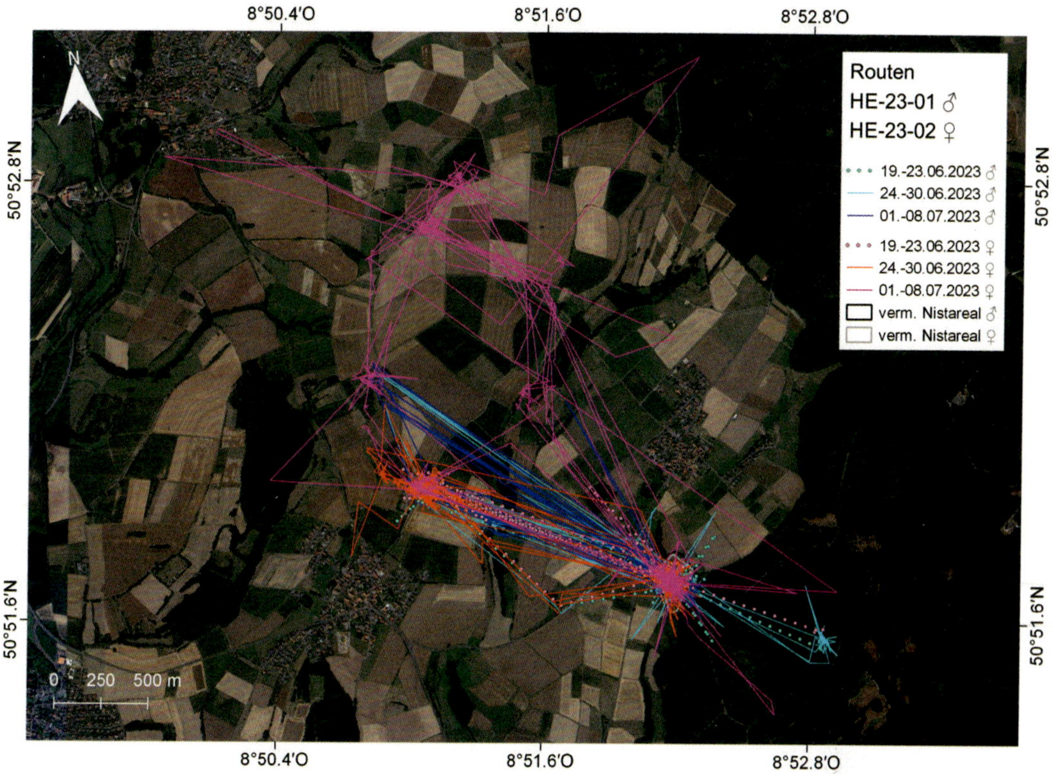

HINTERGRUNDKARTE: GOOGLE SATELLITE

ANDERE WEGE FLIEGEN

Die Stichprobe an besenderten Turteltauben in Deutschland beschränkte sich bisher auf die Bundesländer Hessen und Brandenburg, zwischen deren Individuen es eindeutige Unterschiede bei der Wahl der Zugroute gibt. Interessant sind nun vor allem Besenderungen in Thüringen und Sachsen-Anhalt, da noch unklar ist, ob Turteltauben aus diesen Bundesländern zu den West- oder Ostziehern gehören. In den Jahren 2023 und 2024 konnten wir Turteltauben aus Hessen, Thüringen, Sachsen-Anhalt und Brandenburg mit hochauflösenden GPS-Sendern ausstatten, die mit einer Genauigkeit von bis zu fünf Metern auch detaillierte Informationen über die Habitatnutzung liefern können.

Interessanterweise flog entgegen der Erwartung eine 2023 in Hessen besenderte Taube in Richtung Osten. Eine zweite, die am selben Ort besendert wurde und bei der es sich höchstwahrscheinlich um den Brutpartner handelte, flog in die entgegengesetzte Richtung. Die Wahl der Zugroute kann also innerhalb desselben Brutgebiets variieren.

Die in Sachsen-Anhalt gefangenen Tauben flogen alle Richtung Südosten, nahmen somit die Zentral-/Ostroute. Eine Turteltaube aus Sachsen-Anhalt lieferte Daten bis zum Frühjahr 2024, sodass der Herbstzug und die Überwinterung nachverfolgt werden konnten. Der Zug dauerte insgesamt drei Wochen mit Zwischenrasten in Ungarn und Nordafrika. Der Großteil der Überwinterung fand am Fluss Logone statt, welcher in der Grenzregion von Kamerun und dem Tschad verläuft. Die Taube hielt sich dort in einem Radius von wenigen Kilometern entlang des Flusses auf, bis Mitte April 2024 das Sendersignal ausfiel.

In Thüringen wurden 2024 die ersten Tauben besendert. Die Ergebnisse lagen bei Redaktionsschluss noch nicht vor.

HEIMISCHE HABITATE

Die für unsere Untersuchungen verwendeten GPS-genauen Sender sollen detaillierte Erkenntnisse über die Bewegungsmuster der stark bedrohten Art liefern. Ihr Einsatz in Kombination mit dem Mobilfunknetz ist dank neuer Entwicklungen mit leichteren Modellen und solargestützter Energieversorgung geeignet, um erstmals mit einer größeren Anzahl von Ortungspunkten die Habitatnutzung untersuchen zu können.

Die Habitatansprüche werden durch ihre tägliche Lebensraumnutzung aufgezeigt. Für eine erfolgreiche Reproduktion benötigen Turteltauben Nahrungshabitate und Nistmöglichkeiten mit nahe gelegenen Wasserstellen für den täglichen Flüssigkeitsbedarf. Daher wurden die individuellen GPS-Daten auf einer Karte dargestellt und die Größen der am häufigsten genutzten Aufenthaltsbereiche ermittelt. Die Hälfte der Datenpunkte lag dabei im Mittel bei etwa 60 Hektar Größe. Solche Areale werden als Kerngebiete (Core Area) bezeichnet. Bereiche, in denen 95 Prozent der Datenpunkte liegen, werden hingegen als Aktionsradius (Homerange) bezeichnet. Sie waren gemittelt etwa 532 Hektar groß, obwohl es auch einen Vogel gab, für den dieser Bereich die stattliche Größe von 2.623 Hektar erreichte – es war ein Nichtbrüter.

NACHWUCHSFAHNDUNG

Bei Turteltauben sind jährlich etliche der beobachteten Vögel als „Nichtbrüter"

INFORMATION

Es handelt sich um ein Förderprojekt des BfN, das mit Mitteln des Bundesministeriums für Umwelt, Naturschutz, nukleare Sicherheit und Verbraucherschutz (BMUV) finanziert wird.

Verbreitung: Die grün markierten Länder zeigen die Brutgebiete, die blauen die Überwinterungsgebiete der Turteltaube.

Die Turteltaube ist mit ihrem bunten Gefieder und dem gestreiften Halsfleck eine besonders hübsche Taube.

FOTO: CREATIVENATURE.NL / STOCK.ADOBE.COM

Auch während der Brutphase pendeln beide Partner zwischen Brut- und Nahrungshabitaten. Sie wechseln sich dabei ab.

FOTO: CREATIVENATURE.NL / STOCK.ADOBE.COM

SERVICE

Unsere in diesem Artikel vorgestellten neuen Beobachtungen stammen aus einem Projekt des Bundesamts für Naturschutz (BfN) zur Umsetzung des 2018 formulierten Internationalen Aktionsplans für EU-Mitgliedsstaaten für die Europäische Turteltaube. Das Projekt wird von der AG Verhaltensökologie und Ökophysiologie der Justus-Liebig-Universität Gießen durchgeführt, läuft seit April 2023 und wird bis März 2026 andauern. Wir danken an dieser Stelle auch allen lokalen Betreuern und Helfern, ohne die diese Arbeit nicht möglich wäre.

https://www.uni-giessen.de/de/fbz/fb08/Inst/tsz/voekophysiologie/turteltauben

bekannt. Das mag zum Beispiel an unzureichender Körperkondition, ungünstigen Nistmöglichkeiten im Lebensraum oder Mangel an geeigneten Brutpartnern liegen. Bei den saisonmonogamen Turteltauben, die gemeinschaftlich Nestbau, Brut und Versorgung der Küken übernehmen, brütet die Täubin nachts und der Täuberich tagsüber. Die etwa achtwöchige Hauptlegeperiode beginnt Mitte Mai. Bei den Brutvögeln waren bis vor etwa 30 Jahren zwei Bruten pro Jahr üblich. Die ein bis zwei Eier je Gelege sind weiß und von denen der Türkentaube nicht unterscheidbar. Von der Eiablage bis zum Schlupf der Küken dauert es meist zwei Wochen. Die Geschwister schlüpfen häufig am selben Tag und werden für etwa 18 bis 23 Tage zunächst mit Kropfmilch, danach mit Nahrung und Wasser versorgt.

Bei unserer Untersuchung sind wir davon ausgegangen, dass jeder Brutpartner mindestens acht Stunden in Folge brütet. Daher wurden die individuellen GPS-Daten auf Zeiträume untersucht, in denen sich ein Individuum an 13 aufeinander folgenden Tagen für mindestens acht aufeinander folgende Stunden in einem begrenzten Raum, dem vermutlichen Nisthabitat, aufhielt. Bei fünf der besenderten Vögel konnte so ein Brutverdacht festgestellt werden, bei einer Taube aus Sachsen-Anhalt kam es vermutlich sogar zu einem zweiten Brutversuch. Auffälligerweise befanden sich nicht nur die vermuteten Neststandorte, sondern auch die gesamten Hauptaufenthaltsgebiete der scheuen Turteltauben in Distanz zu Siedlungsbereichen.

TÄGLICHE ROUTINE

Die Bewegungsmuster eines hessischen Taubenpärchens zeigten in den Tagen unmittelbar vor dem Brutbeginn große räumliche und zeitliche Übereinstimmung. Die Partner pendelten regelrecht zwischen dem vermuteten Neststandort und einem Nahrungshabitat hin und her. Dieses Verhalten wurde vom Männchen während der gesamten Brutdauer annähernd beibehalten. Das Weibchen hingegen legte ab der zweiten Brutwoche etwas größere Flugstrecken zurück. Speziell unsere hessischen Turteltauben mit Brutverdacht flogen meist annähernd konstante Streckenmuster und hielten sich hauptsächlich in einem kleinen Areal auf. Im Gegensatz dazu zeigten die hessischen Nichtbrüter entweder vor allem Erkundungsverhalten oder einen Mix aus beiden beobachteten Verhaltensweisen.

Ähnlich konstante Streckenmuster wie bei den hessischen Brutvögeln konnte man bei der Taube aus Sachsen-Anhalt mit den vermutlich zwei Brutversuchen beobachten. Dagegen zeigte ein Männchen mit Brutverdacht aus Sachsen-Anhalt während der vermuteten Brutphase ein stärkeres Explorationsverhalten. Es erkundete das Areal auch in Distanzen, die etwa sechs Kilometer entfernt seines vermuteten Nistareals lagen. Ob die konstanten Streckenmuster in einer vermuteten Brutphase häufiger auftreten und sozusagen optisch einen Brutverdacht anzeigen könnten, werden die Auswertungen der diesjährigen Daten (2024) mit 32 besenderten Turteltauben hoffentlich aufzeigen.

LITERATUR

Glutz von Blotzheim, U., Bauer, K. (1994): Handbuch der Vögel Mitteleuropas. Band 9: Columbiformes – Piciformes. 2. Auflage, AULA-Verlag GmbH, Wiesbaden

Fisher, I., Ashpole, J., Scallan, D. et al. (2018): International single species action plan for the conservation of the European Turtle Dove Streptopelia turtur (2018 to 2028). European Commission Technical Report 201.

LANGZEITSTUDIE IM RAUM MARBURG

TURTELTAUBE

FOTO: ANDRÉ LABETAA / STOCK.ADOBE.COM

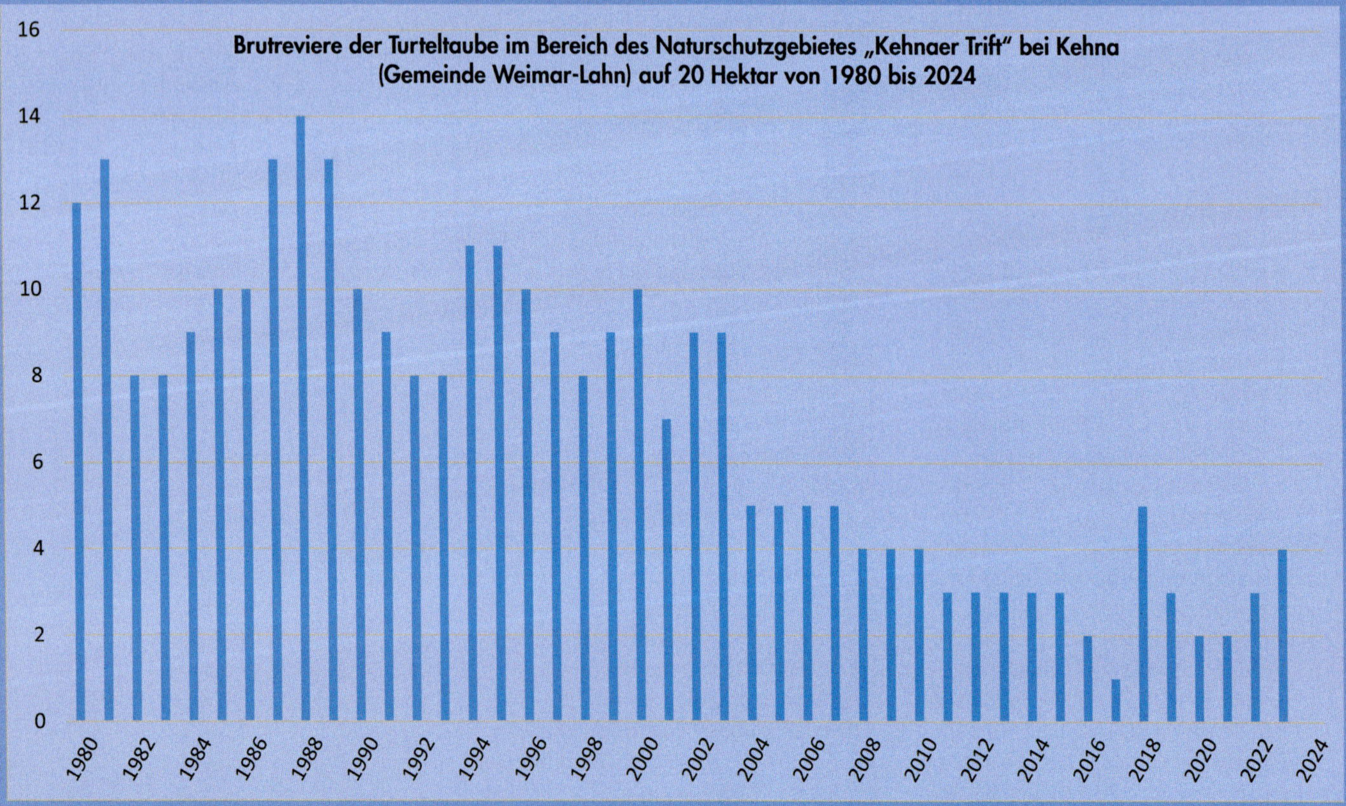

DIAGRAMM: DR. ACHIM ZEDLER

IM SINKFLUG

TEXT VON **PROF. DR. MARTIN KRAFT**
MIO – MARBURGER INSTITUT FÜR ORNITHOLOGIE UND ÖKOLOGIE E.V.

Kaum eine Vogelart hat in den letzten Jahrzehnten so stark abgenommen. Deshalb ist es eine Schande, dass sie in einigen Ländern Europas, Nordafrikas und des Nahen Ostens nach wie vor bejagt wird. Hier muss die Europäische Union ein generelles Jagdverbot anordnen. Weiterhin müssen alle Brut-, Rast- und Überwinterungsgebiete gesetzlich geschützt werden. Nur so hat die Turteltaube langfristig eine Chance.

Die Turteltaube gehört zu den Vogelarten, die mich von Kindesbeinen an begleiten. Schon früh lernte ich ihren Gesang und ihre Habitatansprüche kennen. Im Naturraum Marburg-Gießener Lahntal und in angrenzenden Bereichen kam sie sowohl in lichten Laub- und Mischwäldern, an Waldrändern, in Feldgehölzen als auch auf Friedhöfen und in Streuobstwiesen vor. Wenn wir im Wald Himbeeren sammelten, begleitete uns ihr Gesang – damals war sie überall häufig.

Leider hat sich das vor allem in den letzten Jahren deutlich verändert; die Bestände dieser hübschen Vogelart befinden sich in weiten Bereichen Mitteleuropas im deutlichen Sinkflug. Dies verwundert umso mehr, da sie zu den wärmeliebenden Arten zählt, denen man im Zuge des Klimawandels merkliche Bestandszunahmen postulieren sollte. Auch in ihren angestammten Lebensräumen hat sich strukturell nicht viel verändert, und dennoch zeigt ihr Bestandstrend nach unten. In den letzten vier Jahren konnten wir jedoch im Raum Marburg eine sehr kleine Bestandserholung registrieren, die wirklich Hoffnung macht.

Grundsätzlich ist es wichtig, dass wir uns mit Vehemenz gegen die immer noch stattfindenden Jagden und Nachstellungen im gesamten Mittelmeerraum, in Nordafrika und im Nahen Osten einsetzen. Diese immens hohen Verluste müssen dringend gestoppt werden, denn sie haben offenbar den Hauptanteil am evidenten Rückgang in den letzten Jahrzehnten. Unsere Aufgabe liegt demnach in der Durchsetzung eines strikten Jagdverbotes in allen Ländern, in denen sie brütet, rastet, durchzieht und überwintert. Ferner sollten alle Bruthabitate gesetzlich geschützt werden, was auch für Wälder gilt, in denen überall Windräder wie Pilze aus dem Boden sprießen.

KEHNAER TRIFT

Das Naturschutzgebiet „Kehnaer Trift" befindet sich nordwestlich von Kehna innerhalb der Gemeinde Weimar/Lahn. Es handelt sich um einen aufgelassenen Steinbruch, in dem früher Tonschiefer und Grauwacke abgebaut wurden. Das eigentliche Naturschutzgebiet hat eine Größe von 9,4 Hektar. Ich habe auch das unmittelbare Umland untersucht und die Größe auf 20 Hektar festgelegt, weil die Siedlungsdichtewerte so mit anderen Erhebungen gut zu vergleichen sind.

Lange bevor das Gebiet im Jahr 1980 unter Schutz gestellt wurde, war es in meiner Kindheit und Jugend ein regelmäßiges Exkursionsziel, weil es dort unter anderem viele Amphibien gab. 1972 versuchte sogar ein Bienenfresserpaar, in einer Steilwand zu brüten. Zudem wuchs dort die sehr seltene und streng geschützte „Herbst-Drehwurz" (Spiranthes spiralis), die im Zuge der regelmäßigen Schafbeweidung prächtig gedieh.

Das von Wärme begünstigte Gebiet weist einige Tümpel auf, in denen alle vier Molcharten sowie der Gras-, Teich- und Seefrosch, die Erd- und Geburtshelferkröte sowie der Feuersalamander vorkommen. Außerdem sind die Zauneidechse, die Ringel- und die Schlingnatter regelmäßig anzutreffen. Die offenen Wiesenflächen, die inzwischen nicht nur mit Schafen, sondern auch mit Ziegen und Kühen beweidet werden, sind wichtige Magerrasen, die einer Vielfalt von Schmetterlingen und anderen Insekten sehr gute Lebensbedingungen bieten.

In dem im Westen angrenzenden Laubmischwald brüten unter anderem der Wespenbussard, der Rot- und Schwarzmilan, der Baumfalke, der Wald- und Raufußkauz, die Waldohreule, der Uhu, die Waldschnepfe, der Wendehals, der Mittelspecht und viele Singvögel, darunter auch der Pirol.

Für die Turteltaube ist das Gebiet mit Mischwald, Hecken, Feldgehölzen und alten Obstbäumen ideal, ebenso für das Rebhuhn, den Grünspecht und den Neuntöter, die hier hohe bis sehr hohe Dichten erreichen. Im südlich angrenzenden Walgerbachtal haben schon seltene Arten wie der Wachtelkönig, das Tüpfelsumpfhuhn und der Schlagschwirl gebrütet. Inzwischen ist der Aufwuchs von Schlehe und Besenginster sehr stark geworden, und auch die seltene Herbst-Drehwurz ist kaum noch zu finden. Hier muss es neue Überlegungen zu sinnvollen Maßnahmen geben, die dem ursprünglichen Schutzziel gerecht werden.

MARTINSWEIHER

Die Martinsweiher bei Niederwalgern befinden sich direkt an der K59 zwischen Niederwalgern und Roth. Von 1989 bis August 1992 wurde hier Kies im Trockenverfahren abgebaut. Etwa ab Mitte August 1992 wurden die Pumpen abgestellt und danach entstanden drei Baggerseen. Wir nennen sie West-, Mittel- und Nordostteich. Sie bilden eine wichtige Kernzone innerhalb des EU-Vogelschutzgebietes „Lahntal zwischen Marburg und Gießen" (Natura 2000-Nr.: 5218 – 401) mit einer Gesamtgröße von 742,72 Hektar.

Die Lage dieses Vogelschutzgebietes befindet sich innerhalb der Gemeinden Weimar, Fronhausen und Lollar (Odenhausen). Es erstreckt sich von den Baggerteichen und Kiesgruben bei Niederweimar im Norden bis hin zu den Lahnaltwässern im Bereich des Ortes Odenhausen-Friedelhausen im Süden.

An den Martinsweihern bei Niederwalgern sind vor allem die Steilwände, Grundwasserseen, Flachwasserzonen, Wiesen und Gehölze von besonderer Bedeutung für brütende und rastende Vögel. Naturräumlich zählt dieser Bereich zum Marburger Lahntal, einer Untereinheit des Marburg-Gießener Lahntals. Es wird im Norden vom Cölber Lahnknie und im Süden von der Odenhäuser Talenge begrenzt und ist überwiegend durch alluviale Ablagerungen (Schotter, Kies, Sand sowie Auelehm) geprägt.

Klimatisch liegt das Marburger Lahntal im Übergangsbereich zwischen dem eher atlantisch geprägten Klima Nordwestdeutschlands und dem mehr kontinentalen Klima Mittel- und Ostdeutschlands. In der Regel herrschen milde Winter und trocken-warme Sommer vor, wobei das Niederschlagsmaximum nicht selten im Juli liegt. Die Jahresdurchschnittstemperatur beträgt etwa 10 Grad Celsius, wobei sehr heiße Sommer wie in den Jahren 2003, 2015, 2018 und 2022 zu Temperaturmaxima von etwa 39 Grad Celsius Anfang Juli und August und einem Niederschlag von lediglich noch etwa 400 Millimetern im Jahr führten. Der durchschnittliche Jahresniederschlag beträgt in etwa 750 Millimeter im Jahr. Das Gebiet liegt ungefähr 175 Meter über dem Meeresspiegel. Es handelt sich um ein nicht nur hessenweit, sondern überregional bedeutsames Brut- und Rastgebiet für mehr als 400 Vogelarten.

Die offenen Bereiche wurden zunächst mit Pferden und Kühen beweidet, aber seit Mai 2015 werden die südliche Fläche mit sechs bis acht Wasserbüffeln und der Bereich um den Nordostteich seit April 2022 mit 18 bis 20 Bunten Deutschen Edelziegen beweidet. Bis zum Frühjahr 2007 existierte eine Mittelspannungsleitung, die direkt über den südlichen Bereich des Gebietes führte und auf deren Drähten vor allem im Juli und August viele Turteltauben rasteten.

ERGEBNISSE

Brutreviere im Naturschutzgebiet „Kehnaer Trift" und der Umgebung von 1980 bis 2024: In dieser Langzeitstudie zeigen sich enorme Schwankungen. 1988 wurde auf 20 Hektar die höchste Siedlungsdichte mit 14 Brutrevieren ermittelt. Auch am Anfang der Untersuchungen konnten mit zwölf Brutrevieren im Jahr 1980 und 13 im Jahr 1981 sehr hohe Siedlungsdichten ermittelt werden. Mit jährlichen Schwankungen setzte sich dieser Trend bis 1996 mit zehn Brutrevieren fort. Danach gingen die Bestände jedoch deutlich zurück und erreichten mit nur noch einem Brutpaar 2017 ihren Tiefpunkt. Danach schwankten die Zahlen weiter, bis 2024 brüteten aber immerhin wieder fünf Paare. Ob sich dieser leichte Aufwärtstrend fortsetzt, werden die nächsten Jahre zeigen (siehe das Säulendiagramm auf der ersten Seite dieses Artikels).

Die Martinsweiher bei Niederwalgern waren von 1989 bis 2007 besonders gut für rastende Turteltauben geeignet, weil sich dort eine Niederspannungsleitung befand. Auf deren Drähten waren oft sogar Trupps von Turteltauben zu sehen. Die höchste Rastzahl betrug am 5. August 1995 immerhin 91 Individuen. Danach ging es mit jährlichen Schwankungen rapide abwärts. Am 8. August 2006 lag das Jahresmaximum bei nur noch fünf Individuen. Mit jährlichen Schwankungen stieg die Zahl bis auf 17 Individuen im Jahr 2012 wieder leicht an, doch danach erfolgte abermals ein starker Rückgang auf nur noch zwei Turteltauben am 11. August 2020. Danach stiegen die Maximalzahlen wieder leicht an und erreichten am 19. August 2024 mit neun Individuen einen neuen Höchststand, jedoch auf sehr niedrigem Niveau (siehe Säulendiagramm auf der gegenüberliegenden Seite).

DISKUSSION UND AUSBLICK

Anhand der vorliegenden Daten dieser Langzeitstudie lässt sich ein signifikant negativer Trend erkennen, der vollends in das europäische Gesamtbild der schlechten Bestandssituation der Turteltaube passt. Es sind viele Faktoren, die diesen Negativtrend bewirken. Um den Rahmen dieses Artikels nicht zu sprengen, beschränke ich mich auf die wichtigsten:

Ein enorm wichtiger Faktor ist die Tatsache, dass die Turteltaube in vielen Ländern noch geschossen werden darf, oder dass es zu illegalen Fängen und Abschüssen vor allem in Ländern rund um das Mittelmeer kommt. Weitere Faktoren sind die vielerorts sehr intensiv betriebene Landwirtschaft und das Roden von Hecken und Feldgehölzen. Es ist dringend an der Zeit, dass hier die Politik nachhaltig eingreift, um den weiteren Negativtrend der Turteltaube aufzuhalten. So ist unbedingt ein EU-weiter Jagdstopp zu fordern. Es ist fraglich, ob der auf einem Treffen aller EU-Mitgliedstaaten im Mai 2018 verabschiedete Aktionsplan zum Schutz der Europäischen Turteltaube, „Single Species Action Plan" (SAP), ausreicht, um die Turteltaube langfristig zu schützen! Es ist nachgerade unglaublich, dass die Jagd auf Turteltauben in zehn EU-Staaten erlaubt ist, weswegen hier politisch viel stärker eingegriffen werden muss.

Folgende Maßnahmen müssen gefordert und gesetzlich manifestiert werden:

- Sofortiger Jagdstopp in sämtlichen EU-Ländern
- Strengere Verfolgung und Einleitung von Strafverfahren gegen illegale Jäger
- Gesetzlicher Schutz und Ausweitung aller Brutgebiete

Im Naturschutzgebiet „Kehnaer Trift“ hat sich der Brutbestand leicht erholt. 2024 brüteten fünf Paare im Gebiet.

FOTO: XAVER KLAUSSNER / STOCK.ADOBE

- Überwachung der Hauptzugrouten durch speziell ausgebildete Ranger
- Wissenschaftliche Untersuchungen in den Überwinterungsgebieten Afrikas
- Zunehmende Besenderungen zur Erforschung der Zugwege, der wichtigsten Rast- und Überwinterungsareale
- Generelles Verbot von Glyphosat und anderen Pestiziden
- Erhöhung der Biodiversität in der intensiven Landwirtschaft durch dauerhaft anzulegende Blühflächen und Extensivbeweidung
- Steigende staatliche Förderung der Biolandwirtschaft
- Naturnahe Waldbewirtschaftung und Schaffung von Totholzinseln
- Aufforstungen nur mit Laubgehölzen
- Gesetzlicher Schutz aller Heckenlandschaften und Streuobstwiesen

Grundsätzlich müssen hier alle Naturschutzverbände, Institutionen und vor allem die gesamte Politik an einem Strang ziehen, gegen Verstöße jedweder Art hart vorgehen und alle wichtigen Maßnahmen ergreifen, damit diese interessante Taubenart langfristig eine Überlebenschance hat. Das Ziel muss ein deutlicher Anstieg der Gesamtpopulation sein.

Tagesmaxima der Turteltaube im Bereich der Martinsweiher bei Niederwalgern von 1989 bis 2024

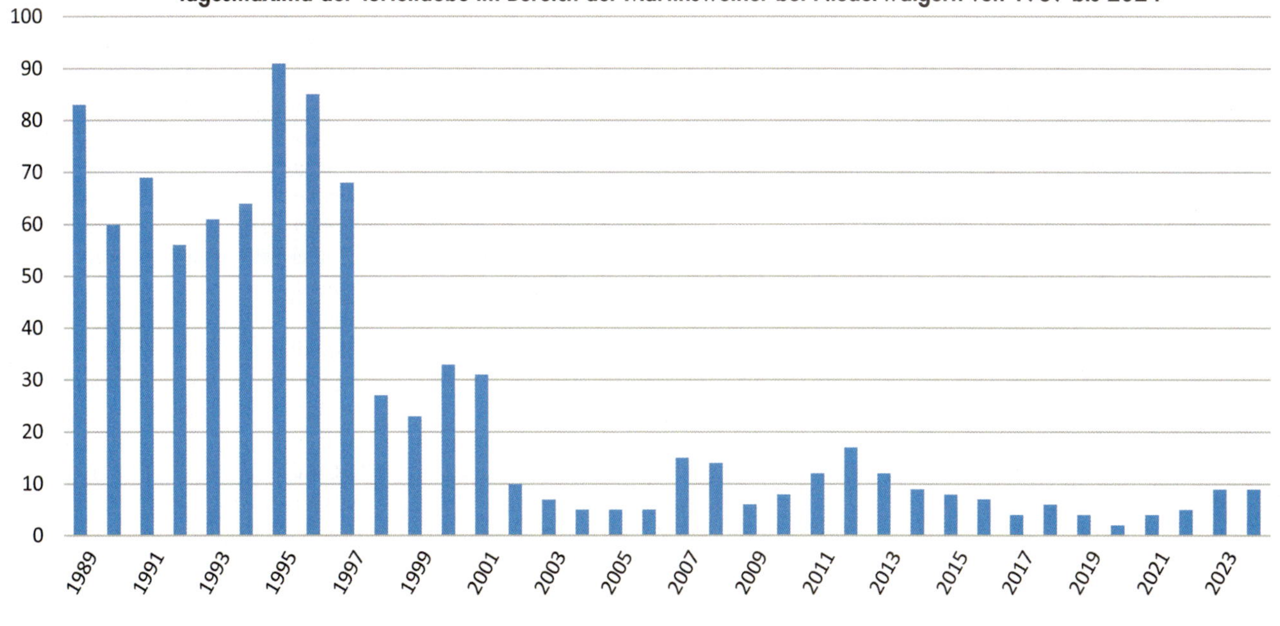

DIAGRAMM: DR. ACHIM ZEDLER

Die Türkentaube ist eines der sich am erfolgreichsten ausbreitenden Wirbeltiere der Welt.

FOTO: WILTRUD / STOCK.ADOBE.COM

TÜRKENTAUBEN

INVASIVE ÜBERL

Warum die Türkentaube eigentlich Osmanentaube heißen sollte, welche artspezifischen Strategien sie so einzigartig machen und warum der Mensch ihr Alpha und Omega ist, erfahren Sie hier.

Adulte Türkentauben sind leicht an dem markanten schwarzen Nackenring zu erkennen.

FOTO: ROUTE66 / STOCK.ADOBE.COM

EBENSKÜNSTLER

TEXT VON
LAURIN REIM

Die Türkentaube (Streptopelia decaocto) ist eine der sich am erfolgreichsten ausbreitenden Wirbeltierarten der Welt und hat daher nicht ohne Grund besondere wissenschaftliche Aufmerksamkeit auf sich gezogen. Zur Familie der Tauben (Columbidae) gehörend zeichnet sie sich vor allem durch ihren schlanken Körperbau und das sandfarbene bis graubraune Gefieder aus. Ein schwarzer Nackenring bildet für adulte Individuen ein markantes Erkennungsmerkmal, wohingegen ihr leicht gedämpfter „du-DUU do"-Gesang – mit Betonung auf dem zweiten, gedehnten Laut, der dritte etwas tiefer – dem Laien aus der Ferne wie der eines Kuckuck anmuten mag. Doch verrät sich die Türkentaube durch ihren nasalen „chräh"-Ruf kurz vor dem Flug und unmittelbar nach dem Landen. Während des Fluges kann sie gut an den dunklen Unterschwanzdecken erkannt werden, die zum Schwanzende hin weiß begrenzt sind. Dabei

Der Erfolg der Türkentaube ist auf ihre Spezialisierung auf Getreide als Nahrungsmittel zurückzuführen.

FOTO: THOMAS MARX / STOCK.ADOBE.COM

Verbreitung der Türkentaube in Europa und darüber hinaus. Die Besiedelung erfolgte von Osten her.

KARTE AUS: HERZOG: DIE WILDTIERE MITTELEUROPAS, QUELLE & MEYER VERLAG

schwingt sie sich anfangs steil empor, dann, ähnlich einem Falken, steht sie eine kurze Weile „rüttelnd“ in der Luft, um schließlich beinahe ohne Flügelbewegungen sanft nach unten zu gleiten.

Mit einer Körperlänge von 30 bis 33 Zentimetern und einer Flügelspannweite von bis zu 55 Zentimetern ist sie deutlich kleiner als ihre Verwandte, die Ringeltaube (Columba palumbus), und nur etwas kleiner als die Straßentaube (Columba livia forma domestica). Die Brust weist oft einen leicht rosafarbenen Schimmer auf, während die Schwanzspitzen heller gefärbt sind. Jungvögel unterscheiden sich von den adulten Individuen durch das Fehlen des Nackenrings und ein insgesamt matteres Federkleid. Sie werden von beiden Elternteilen liebevoll bebrütet und mit nährstoffreicher Kropfmilch gefüttert, sodass die Küken bereits nach drei Wochen flügge sind. Einen ausgeprägten Geschlechtsdimorphismus gibt es bei Türkentauben nicht. Wenn die Brutsaison beendet ist, bilden die fürsorglichen „Tauben des Ostens“ große Schlafplatzgemeinschaften, welche über 100 Vögel umfassen können.

DIE TÜRKENTAUBENFRAGE

Ursprünglich an die osmanische Kultur gebunden, profitierte die Türkentaube von den islamischen Traditionen der Vogelhaltung und Fütterung, insbesondere innerhalb der Haremskultur wohlhabender Haushalte. Nach dem Rückzug der Osmanen aus dem Balkan um die Wende zum 20. Jahrhundert erlebte die Art einen drastischen Rückgang, da ihre Hauptnahrungsquellen und Schutzmechanismen wegfielen. Dies wurde teilweise auf gezielte Verfolgung durch die christliche Bevölkerung zurückgeführt, doch eine wesentlichere Rolle spielte der wirtschaftliche Zusammenbruch, der zu einer allgemeinen Nahrungsknappheit führte. Erst mit der wirtschaftlichen Konsolidierung des Balkans durch Land- und Steuerreformen sowie den Anschluss an den mitteleuropäischen Wirtschaftsraum entstanden neue Nahrungsquellen, wodurch sich die Türkentaube erholen konnte.

Von zentraler Bedeutung für ihre Expansion nach Mitteleuropa war jedoch die Rolle der Eisenbahn: Denn die Türkentaube – oder gerne auch „Balkantaube“ genannt – folgte den Bahnlinien, die mit Getreidespeichern, Mühlen und Verladeplätzen ideale Nahrungsressourcen boten. Erste größere Vorkommen wurden um 1930 in Ungarn verzeichnet, und bis 1943 erreichte sie Wien als erste mitteleuropäische Metropole. Die Art nutzte Transportwege, um sich weiter auszubreiten.

Parallel dazu veränderte sich die Nahrungsverfügbarkeit grundlegend – von der direkten Fütterung innerhalb islamischer Gemeinschaften hin zur Nutzung industrieller Nahrungsabfälle entlang der wirtschaftlichen Infrastruktur Europas. Die Türkentaube besetzte so eine „freie Nische“, die durch die zunehmende Getreideproduktion und Lagerung in periurbanen Räumen entstand.

In Städten finden Türkentauben heute eine Fülle an Nahrungsmitteln, die ihr Überleben in urbanen Räumen sichern.

FOTO: LILLIAN / STOCK.ADOBE.COM

»Der Schlüssel zum Erfolg liegt in der Anpassung an urbane Lebensräume.«

SIDE FACTS

Besonders spannend ist das kognitive Potenzial von Tauben, welches sie zu einem wertvollen Modellorganismus in der neurobiologischen Forschung macht. An der Ruhr-Universität Bochum (2023) wurden jüngst Erkenntnisse über ihre bemerkenswerte Fähigkeit, visuelle Muster zu erkennen und sich zu erinnern, zu Tage gebracht. Das visuelle System von Tauben kann nicht nur einzelne Objekte oder Symbole, sondern auch statistische Eigenschaften von Buchstabenfolgen erfassen. Da ihre Leistung zur Verarbeitung orthografischer Informationen sogar der von einzelnen Primaten entspricht, könnten diese Vögel ein geeignetes Modell zur Erforschung der Ursprünge von Sprache darstellen. Das Gehirn einer Taube mag zwar kleiner sein als das eines Menschen, doch sie kompensiert dies durch hocheffiziente Verarbeitung visueller Informationen. Diese liefert wertvolle Einblicke in Lern- und Gedächtnisprozesse, die in der Forschung über Entscheidungsfindung und Intelligenz genutzt werden. Aktuelle Studien der Max-Planck-Gesellschaft (2024) zeigen, dass Tauben über REM-Schlafphasen verfügen, in denen ihr Gehirn eine ähnlich hohe Aktivität wie im Wachzustand aufweist. Dies erinnert an den menschlichen REM-Schlaf, der mit Träumen und der Konsolidierung von Gedächtnisinhalten assoziiert wird. Während bei Menschen der Non-REM-Schlaf eine zentrale Rolle für die körperliche Regeneration spielt, erfüllen diese Schlafphasen auch bei Türkentauben eine wichtige Funktion. Interessanterweise können viele Vogelarten, insbesondere Wasservögel, mit einer Gehirnhälfte schlafen, während die andere wach bleibt – eine Fähigkeit, die bei Türkentauben weniger ausgeprägt ist, da sie in geschützteren Habitaten leben. Ein weiteres Beispiel dafür, wie Schlaf grundlegende Funktionen für unterschiedlichste Lebewesen erfüllt – vorausgesetzt, ihre Umwelt bleibt intakt.

BESTAND UND ERFOLG

Heute wird der Bestand der Türkentaube auf 110.000 bis 205.000 Brutpaare in Deutschland, 7,9 bis 14,3 Millionen in Europa und 60 bis 110 Millionen Vögel weltweit geschätzt. Der Langzeittrend des Bestandes wird über 36 Jahre nach dem Nationalen Vogelschutzbericht (2019) als stabil gewertet, auf der Roten Liste Deutschlands (2020) wird die Türkentaube als nicht gefährdet eingestuft.

Ein Schlüssel zu ihrem Erfolg liegt in ihrer Anpassung an urbane Lebensräume. Städte bieten Türkentauben eine Fülle von Nahrungsquellen, darunter Abfälle und Getreidereste, sowie zahlreiche Nistmöglichkeiten an Gebäuden und Strukturen wie Strommasten. Lärmtoleranz und eine geringe Scheu vor Menschen ermöglichen es ihnen, selbst in dicht besiedelten Gebieten zu gedeihen. Gleichzeitig zeigt ihre ökologische Flexibilität, dass sie nicht nur auf Städte angewiesen sind, sondern auch ländliche und vorstädtische Regionen erfolgreich besiedeln können.

Die Türkentaube weist zudem interessante ökologische Wechselwirkungen mit anderen synanthropen Arten auf. Sie zeigt funktionelle Ähnlichkeiten mit dem Haussperling (Passer domesticus), insbesondere in Bezug auf ihre Abhängigkeit von Zerealien als Nahrungsquelle und ihre Präferenz für anthropogene Lebensräume. Während sie in den 1950er- und 1960er-Jahren als „freier Nischenbesetzer" in Mitteleuropa eine günstige Umwelt vorfand, gerät sie heute zunehmend in Konkurrenz mit der Stadttaube, die in städtischen Zentren dominant ist. Auch die Palmtaube (Streptopelia senegalensis), die in Teilen Nordafrikas und des Nahen Ostens vorkommt, könnte in Zukunft in Mitteleuropa Fuß fassen, wenn sich die Umweltbedingungen weiter zugunsten kleinerer, weniger anspruchsvoller Taubenarten verändern.

RÜCKGANG DER BESTÄNDE

Doch der Schein trügt. Denn mit zunehmender Perfektionierung des Getreide-

STECKBRIEF

Türkentaube

Streptopelia decaocto

Körperlänge	29 bis 33 Zentimeter
Spannweite	47 bis 55 Zentimeter
Gewicht	150 bis 200 Gramm
Nahrung	Samen, Getreide, Früchte
Lebensraum	Parks, Gärten, Siedlungen, Nadelgehölze
Brutzeit/ Jungenaufzucht	März bis November, 1 bis 2 Eier, Brutdauer 13 bis 14 Tage, flügge nach 16 bis 19 Tagen
Zug	Standvögel
Höchstalter	Bis zu 22 Jahre
Status	Nicht gefährdet

Einen Geschlechtsdimorphismus gibt es bei Türkentauben nicht. Es ist also nicht leicht zu erkennen, welcher Vogel hier das Männchen und welcher das Weibchen ist.

FOTO: ELENI SAITANIDI/ STOCK.ADOBE.COM

Türkentauben brüten in urbanen Räumen gerne auf Balkonen.

transports, der Industrialisierung der Landwirtschaft und dem Rückgang privater Geflügelhaltung ab den 1970er-Jahren haben sich die Bedingungen erneut verschlechtert. Die Bestände begannen vielerorts zu schrumpfen, während der Konkurrenzdruck durch die Stadttaube (Columba livia forma domestica) in urbanen Räumen weiter zunahm. Besonders drastische Rückgänge wurden dort beobachtet, wo Infrastrukturen wie offene Getreidelager oder Verladeplätze optimiert und hygienische Standards verschärft wurden. An den Habitattyp Siedlung angepasste Arten wie die Bachstelze, der Grünfink und eben auch die Türkentaube offenbaren Bestandstrends von teilweise minus 60 Prozent, die analog mit den dörflichen und städtischen (Rand-)Strukturänderungen einhergehen. Die Türkentaubenfrage zeigt somit eindrücklich, wie eng die Populationsdynamik dieser Kulturfolgerart mit wirtschaftlichen, gesellschaftlichen und infrastrukturellen Entwicklungen verknüpft ist und der Bestandserfolg sowie -misserfolg vom menschlichen Handeln bestimmt wird.

FINGERZEIG AUS BERLIN

Der Bestand der Türkentaube (Streptopelia decaocto) in Berlin hat sich seit ihrer Erstbeobachtung im Jahr 1951 zunächst stark vergrößert und erreichte 1974 mit geschätzten 9.000 bis 13.000 Revieren seinen Höchststand. Danach setzte jedoch ein drastischer Rückgang ein. Bereits 1999 wurde der Bestand nur noch auf etwa 520 Reviere geschätzt, was fünf Prozent des früheren Maximalwerts entspricht. Eine erneute Kartierung im Jahr 2009 ergab, dass die Population weiter auf nur noch 150 plus/minus 15 Reviere gesunken war – das entspricht lediglich zwei Prozent des einstigen Höchstbestandes. Nur in den östlichen Bezirken Marzahn und Hellersdorf konnten sich kleinere Bestände halten, möglicherweise begünstigt durch dort vorkommende Kleintierhaltungen, die zusätzliche Nahrungsquellen bieten.

Die Situation der Türkentaube ist nicht nur in Berlin besorgniserregend. Auch in Sachsen wurde seit 1980 ein Rückgang von über 50 Prozent festgestellt, während in sieben weiteren Bundesländern ebenfalls Bestandsverluste von mehr als 20 Prozent dokumentiert wurden. In Niedersachsen und Bremen weist die Art auf eine deutliche Abnahme seit 1900 hin. Die Rote Liste von 2022 erwähnt die Türkentaube mit einem Bestand von etwa 17.000 Revieren und stuft sie als stark rückläufig ein. Diese Entwicklung entspricht auch den deutschlandweiten und europäischen Trends, die einen anhaltenden Rückgang der Art in vielen Regionen zeigen.

Als mögliche Hauptursache für den dramatischen Rückgang wird eine zu geringe Reproduktionsrate im Verhältnis zur Prädation vermutet. Zwar ist der Habicht als effektiver Beutegreifer bekannt, doch scheint insbesondere die hohe Verlustquote während der Brutzeit durch Nestplünderungen einen entscheidenden Einfluss zu haben.

FOTO: PAUL / STOCK.ADOBE.COM

Der Sperber ist ein natürlicher Feind der Türkentaube und macht Jagd auf sie.

BEJAGUNG

Ein weiterer Grund für die rückläufige Bestandsentwicklung könnte auf Lücken beim geltenden Bundesjagdgesetz zurückzuführen sein. Neben der Ringeltaube zählt die Türkentaube in elf Bundesländern in den Wintermonaten zu den jagdbaren Taubenarten. Mit circa 18.500 bis 36.000 Brutrevieren beläuft sich der Bestand in Nordrhein-Westfalen auf etwa 17 Prozent des deutschen Gesamtbestands und ist nach Bayern (40.000 bis 100.000 Brutpaare, LBV) das zweitgrößte Vorkommen der Art. Während in Bayern von 2013 bis 2016 jährlich etwa 2.000 Vögel erlegt wurden, lag die Jagdstrecke in Nordrhein-Westfalen zwischen 2013 und 2015 jährlich bei um die 3.500 Türkentauben.

Es ist zu kritisieren, dass in der bundesweiten Jagdstatistik nicht zwischen den verschiedenen Taubenarten unterschieden wird und somit keine genauen Abschusszahlen für diese Art vorliegen. Infolgedessen ist es nicht eindeutig festzustellen, ob die Türkentaube über ein aus Artenschutzsicht verantwortbares Maß hinaus geschossen wird.

KRANKHEITEN

Weitere Gründe für den europaweiten Bestandsrückgang von Wildtaubenarten wie Turtel-, Hohl-, Ringel- und Türkentaube werden auf hohe Befallsraten durch *Trichomonas gallinae* zurückgeführt, da Individuen aller Arten von der virulenten genetischen Linie befallen waren. Auch in Hessen wurde der Erreger bereits in verschiedenen Vogelarten nachgewiesen.

DAS INVASIVDILEMMA

Auf der anderen Seite wird die Türkentaube als Gefahr „ausgerufen". Beispielsweise wurde für Rumänien beschrieben, dass der Bestand der Turteltaube nach 1950 kontinuierlich zurückging, einhergehend mit dem Verlust von Nistplätzen sowohl in Waldgebieten als auch in Parks und Städten. Es wird vermutet, dass die Turteltauben teils von Türkentauben verdrängt wurden. Rocha und Hidalgo de Trucios (2000) nehmen eine Ausschlussbeziehung zwischen diesen beiden Arten an, welche allerdings nicht auf eine direkte Nahrungskonkurrenz zurückzuführen sei. Darauf verweist der hier bereits erwähnte abnehmende Populationstrend der Türkentauben in einigen Regionen Deutschlands.

Dennoch wird die Türkentaube in Forscherkreisen als eine der erfolgreichsten terrestrischen invasiven Arten betrachtet, deren Ausbreitung eng mit menschlichen Aktivitäten verknüpft ist. Ein Titel, der seinen Träger eher als Sündenbock denn als schützenswerten Vogel darstellt. Ihr Ausbreitungsmuster entspricht anderen invasiven Arten, die sich über Sprungdispersal (Jump Dispersal) verbreiten, bei dem isolierte Populationen entstehen, die sich in der Folge lokal weiterentwickeln. Demgemäß soll die Türkentaube in der ökologischen Forschung weiter als invasive Spezies untersucht werden, um ihre langfristigen Auswirkungen auf die Biodiversität besser zu verstehen.

SCHUTZMASSNAHMEN

Da die Türkentaube als nicht gefährdet gilt, gibt es weitläufig keine ernsthaften Bestrebungen zu spezifischen Schutzmaßnahmen. In urbanen Gebieten mit drastischen Bestandsrückgängen wie in Berlin wären aber gezielte Maßnahmen zum Erhalt notwendig. Da Türkentauben geschlossene Waldgebiete meiden und ausschließlich im Bereich menschlicher Siedlungen brüten, können bereits der Erhalt von Grünräumen und die Verringerung von Baumfällungen bei Gebäudeneubauten sowie -umbauten einen besonderen Populationsschutz gewähren (NABU-NRW, 2019).

Da Türkentauben auf vorhandene Gehölzstrukturen angewiesen sind, gehört die Schonung verbliebener Nistplätze, insbesondere in Gärten mit Koniferen, als unumgänglich dazu. Eine detaillierte Untersuchung der Hauptgefährdungsfaktoren ist zweifellos von tragender Bedeutung. In den noch bestehenden Vorkommen könnten gezielte Schutzmaßnahmen, etwa durch Förderung geeigneter Habitate und Nahrungsquellen, den Rückgang verlangsamen oder stabilisieren. Aufgrund der Suche von menschlichen Nahrungsquellen, sollte der Verlust von Siedlungen mit Kleintierhaltung in der Nähe von Bauernhöfen, Getreidespeichern oder Zoos als auch der Nahrungsmangel in der freien Landschaft aufgrund intensivster Landwirtschaft reduziert oder habitatausgleichend kompensiert werden.

Die Türkentaube ist weit mehr als nur eine „gewöhnliche" Taube. Im muslimischen Kulturraum genießt sie sogar höchstes Ansehen. Die Türkentaube verkörpert die Schönheit und Widerstandskraft der Natur in einer sich wandelnden Welt. Wer sie beobachtet, erlebt einen Vogel, der Eleganz, Intelligenz und Anpassungsfähigkeit auf beeindruckende Weise vereint. So wie sie sich gerne an ihren Taubenpartner schmiegen, fressen sie vertrauten Personen sogar aus der Hand. Die Erfolgsgeschichte der Türkentaube ist beeindruckend, aber in einer zunehmend urbanisierten Welt nicht ohne Herausforderungen. Ihre Geschichte lehrt uns, dass selbst in einer zunehmend vom Menschen geprägten Welt Raum für Wunder bleibt – und die Türkentaube ist zweifellos eines davon.

LITERATUR

Baptista, L. F. et al. (2019): Handbook of the Birds of the World Alive. Lynx Edicions, Barcelona

Baumgart, W. (2000): Retrospective und Wertungen. Berliner Ornithologische Berichte, 10, 3–34

BirdLife International (2022): Streptopelia decaocto Species Factsheet

Brehme, S. (1997): Ergebnis einer Umfrage bei den Landratsämtern und Stadtverwaltungen. Otis, 5, 103–110

Hofstetter, F. B., Scherner, E. R. (1980): Handbuch der Vögel Mitteleuropas (Band 9, S. 98–141). Wiesbaden

Hudson, R. (1972): Collared Doves in Britain and Ireland during 1965–1970. British Birds, 65, 139–155

Kasparek, M. (1998): Vorkommen und Ausbreitung der Türkentaube Streptopelia decaocto im Nahen und Mittleren Osten. Ornithologische Verhandlungen, 25, 241–279

Krüger, T., Sandkühler, K. (2022): Informationsdienst Naturschutz Niedersachsen, 2/2022, S. 111–174

Marx, M., Reiner, G., Willems, H. et al. (2017): Parasites & Vectors 10: 242. https://doi.org/10.1186/s13071-017-2170-0

Mohammadi, H., Adhami, S. (2010): Breeding Biology of Collared Dove (Streptopelia decaocto) in Khuzestan Province, southwestern Iran. Berkut, 22(1), 5–10

Quillfeldt, P., Schumm, Y. R., Marek, C., Mader, V., Fischer, D., Marx, M. (2018): PPLoS ONE 13

Reichholf, J. (1976): Anzeiger der Ornithologischen Gesellschaft Bayern, 15, 69–77

Rocha, C., Hidalgo de Trucios, S. (2000): Servicio de publicaciones de la Universidad de Extremadura

Witt, K. (2010): Berliner Ornithologische Berichte 20, S. 55–61.

FOTO WETTBEWERB

FOTO EINSENDEN UND GEWINNEN

Die Türkentaube scheint kein bisschen unglücklich zu sein über den Regen, der auf sie niederprasselt.

NO CRYING IN THE RAIN

Eingesendet von Peggy Herbst

Ort: Dresden • **Stativ:** nein • **Kamera:** Canon EOS 200d • **Objektiv:** Canon EF 70–300 mm f/4–5,6 is ii USM • **Brennweite:** 135 mm • **ISO:** 300 • **Verschluss:** 1/400 • **Blende:** f/9

Diese Türkentaube sitzt still im Regen, ihr Gefieder ist mit glitzernden Tropfen übersät und sie schaut mit wachen Augen umher. Offenbar gefällt ihr dieser Platz und sie lässt sich auch durch die Kamera nicht mehr stören. In der Nähe stehen große, schützende Bäume, doch sie scheint die auf sie herniederprasselnden Tropfen regelrecht zu genießen.

MITMACHEN UND 50 EURO GEWINNEN!

Ihnen ist ein einzigartiger Schnappschuss gelungen? Ihre Leidenschaft ist neben der Ornithologie auch die Fotografie? Dann schicken Sie uns Ihr persönliches Big Picture in der ursprünglichen Auflösung (nicht komprimiert) mit der Geschichte dahinter und den Exif-Daten an **redaktion@voegel-magazin.de**. Unsere Fachredaktion wählt aus den Zusendungen für jede Ausgabe zwei Bilder aus. Bei Abdruck erhalten Sie 50 Euro.
Mehr Bilder erwarten Sie unter
instagram.com/voegel_magazin_

*Mit der Einsendung geben Sie uns das Einverständnis zum Abdruck und zur Verwendung auf unserer Internetseite und in den sozialen Medien (Facebook, Instagram etc.).

Selbst Tauben scheint es zu reizen, direkt aus dem Fontänenstrahl zu trinken.

DIREKT AN DER QUELLE

Eingesendet von Philipp Meister

Ort: Hamburg • **Stativ:** nein • **Kamera:** Nikon D 500 • **Objektiv:** Nikon 200–500/5,6 • **Brennweite:** 290 mm • **ISO:** 640 • **Verschluss:** 1/640 • **Blende:** 5,6

Die Aufnahme einer Stadttaube entstand im sehr heißen August 2022 in Hamburg. Innenstädte heizen sich stärker auf als vorstädtische und ländliche Gegenden, weshalb sich dieser Brunnen zu einem „Luftkurort" entwickelte. Etliche Tauben hatten sich auch dort eingefunden und suchten eine geeignete Stelle, um Wasser zu trinken. Da der Wasserstand in den Brunnenbecken relativ niedrig war und dort einige Kinder spielten, schien diese Taube unschlüssig zu sein, ob es gelingen würde, aus der Fontäne des Wasserspeiers zu trinken.

Wandertauben traten in dichten Schwärmen auf, die teilweise stundenlang den Himmel verdunkelten. Kein Vergleich zu diesem lockeren Schwarm.

VOM AUSSTERBEN DER WANDERTAUBE

SCHNELLE FUTTER

Die Wandertaube (Ectopistes migratorius) gilt als eines der bekanntesten Beispiele für das schlagartige Aussterben einer einst weitverbreiteten Tierart. Neue Forschungen zeigen, dass dabei auch ihre Ernährungsgewohnheiten eine zentrale Rolle gespielt haben könnten.

Millionen Wandertauben bevölkerten die USA und Kanada zu Beginn des vergangenen Jahrhunderts.

FOTO: KI-GENERIERT (UNTEN), KOSTAS KOUFOGIORGOS / STOCK.ADOBE.COM (OBEN)

TEXT VON
DR. NINA KRÜGER

Noch im 19. Jahrhundert bevölkerten Milliarden dieser Vögel die Wälder Nordamerikas, doch innerhalb weniger Jahrzehnte verschwand die Art vollständig. Lange Zeit galten exzessive Bejagung und Lebensraumzerstörung als Hauptgründe für ihr Verschwinden. Neue Forschungen zeigen jedoch, dass auch die Ernährungsgewohnheiten der Wandertaube eine zentrale Rolle gespielt haben könnten. Eine aktuelle Studie befasst sich mit den Ernährungsmustern dieser Vögel und zeigt überraschende Befunde: Einige Individuen spezialisierten sich offenbar langfristig auf den Konsum von Mais, eine Kulturpflanze, die schon die indigene Bevölkerung Nordamerikas nutzte. Diese Entdeckung könnte unser Verständnis darüber beeinflussen, wie flexibel die Wandertaube tatsächlich war – und welche Faktoren letztlich zu ihrem Aussterben führten.

BIOLOGISCHE BESONDERHEIT

Die Wandertaube war eine extrem soziale Art, die in riesigen Schwärmen auftrat. Schätzungen zufolge bestand eine einzige Kolonie aus mehreren Millionen Vögeln, die dichte Wälder durchstreiften. Auch die Fortpflanzung dieser Art war bemerkenswert: Die Weibchen legten in der Regel nur ein Ei pro Brutperiode. Diese geringe Reproduktionsrate machte die Art besonders anfällig für Umwelteinflüsse und plötzliche

SPEZIALISTEN

Populationsrückgänge. Mit ihrem mittelgroßen, schlanken Körperbau mit langen, spitzen Flügeln und einem keilförmigen Schwanz waren Wandertauben extrem schnell und wendig im Flug, wobei sie Geschwindigkeiten von über 100 Kilometern in der Stunde erreichen konnten. Diese außergewöhnliche Mobilität ermöglichte es den Tauben, weite Strecken auf der Suche nach Nahrung zurückzulegen. In riesigen Schwärmen – oft mehrere Kilometer lang und Millionen von Individuen stark – durchquerten sie einst den nordamerikanischen Himmel. Zeitgenössische Berichte sprechen von Schwärmen, die stundenlang den Himmel verdunkelten. Die Fortpflanzung erfolgte in dichten Kolonien, in denen sich Tausende Nester auf engem Raum befanden. Die riesigen Schwärme hinterließen gewaltige Mengen an Guano, der als natürlicher Dünger für Wälder diente. Gleichzeitig führten ihre massenhaften Landungen oft zur Zerstörung von Bäumen, was langfristig zur Veränderung ganzer Waldlandschaften beitrug.

HISTORISCHE BEDEUTUNG

Die Wandertaube spielte eine bedeutende Rolle in der nordamerikanischen Geschichte. Vor der Ankunft europäischer Siedler war sie eine wichtige Nahrungsquelle für indigene Völker. Diese jagten die Tauben mit Netzen oder erschlugen sie mit Stöcken, wenn sie in dichten Schwärmen über den Wald herfielen. Aufgrund der großen Anzahl der Tiere war ihr Fang vergleichsweise einfach, und ihre Anwesenheit wurde oft als Segen angesehen. Mit der europäischen Kolonialisierung änderte sich das Verhältnis zur Wandertaube jedoch drastisch. Der Vogel wurde zunehmend kommerziell bejagt, insbesondere im 19. Jahrhundert. Die industrielle Revolution führte zur Entwicklung von Eisenbahnen und Telegrafen, wodurch Jäger schnell zu den großen Schwärmen navigieren konnten. Innerhalb weniger Jahrzehnte wurden Millionen von Tauben erlegt und auf den Märkten verkauft. In den 1870er-Jahren wurden täglich bis zu 50.000 Vögel allein aus einer Kolonie geerntet.

Diese massive Bejagung, kombiniert mit der fortschreitenden Abholzung der nordamerikanischen Wälder, führte zu einem rapiden Rückgang der Population. Um 1900 war die Wandertaube nahezu ausgestorben. Das letzte bekannte wilde Exemplar wurde 1902 in Ohio gesichtet, während das letzte in Gefangenschaft lebende Individuum, die berühmte Taube „Martha", 1914 im Zoo von Cincinnati starb.

Die Wandertaube wies einen ausgeprägten Geschlechtsdimorphismus auf. Da kaum zeitgenössische Bilder existieren, müssen wir Zeichnungen vertrauen.

FOTO: NAOKI NISHIO / STOCK.ADOBE.COM

Die Verbreitung der Wandertaube erstreckte sich über den Norden und Osten der USA sowie den südlichen Teil Kanadas.

FOTO: WIKI COMMONS

ALTERNATIVLOSE SPEZIALISTEN?

Lange Zeit gingen Forschende davon aus, dass Wandertauben fast ausschließlich von Baumfrüchten lebten. Besonders Eicheln und Bucheckern wurden als Hauptnahrungsquelle identifiziert. Diese Vorstellung stützte sich auf historische Beobachtungen sowie auf die Verbreitung der Art, die eng mit den Laubwäldern Nordamerikas verknüpft war.

Die starke Abhängigkeit von sogenannten Mastjahren – also Perioden, in denen Bäume besonders viele Samen produzieren – hätte die Wandertaube jedoch anfällig für Umweltveränderungen gemacht. Ein Rückgang dieser Ressourcen durch Abholzung oder klimatische Schwankungen könnte demnach ein entscheidender Faktor für den rapiden Populationseinbruch gewesen sein.

Doch war die Wandertaube tatsächlich so stark von einer einzigen Nahrungsquelle ab-

Die Ernährung der Wandertaube umfasste vor allem Baumfrüchte wie Eicheln und Bucheckern, was sie abhängig von Mastjahren machte.

FOTO: PIXATERRA / STOCK.ADOBE.COM

hängig? Neue Forschungsergebnisse deuten vielmehr darauf hin, dass die Ernährungsweise dieser Art flexibler war, als das bisher von den Wissenschaftlern angenommen wurde.

ALTERNATIVE NAHRUNGSQUELLE

Moderne genetische Untersuchungen zeigen nämlich, dass Wandertauben eine selektive Anpassung im Sucrase-Isomaltase-Gen aufwiesen. Dieses Gen ist für die Verdauung von Zucker verantwortlich und könnte darauf hindeuten, dass einige Individuen besser an eine Ernährung mit Mais angepasst waren. Diese Erkenntnis deutet darauf hin, dass Wandertauben nicht nur opportunistische Maisfresser waren, sondern dass sich einige Populationen aktiv an eine agrarische Nahrungsquelle anpassen konnten.

Solche Anpassungen sind ein typisches Merkmal vieler Wildtiere, die in landwirtschaftlich genutzten Regionen leben. Beispielsweise haben einige Bärenpopulationen in Nordamerika begonnen, sich auf landwirtschaftliche Abfälle und Feldfrüchte zu spezialisieren. Auch Wildschweine sind für ihre Fähigkeit bekannt, landwirtschaftliche Produkte gezielt zu nutzen. Diese Flexibilität hätte der Wandertaube möglicherweise geholfen, auch in Zeiten geringer Eichel- und Bucheckernmasten zu überleben.

PREIS DES WANDELS

Doch warum verschwand diese Ernährungsstrategie im Laufe der Zeit? Interessanterweise zeigen archäologische Daten, dass während der historischen Periode der Kolonialisierung keine Hinweise auf Maiskonsum bei Wandertauben mehr gefunden wurden. Dies könnte darauf hindeuten, dass diese Spezialisierung im Laufe der Jahrhunderte verschwand oder zumindest weniger verbreitet war.

Ein Grund dafür könnte die Veränderung landwirtschaftlicher Praktiken sein. Während indigene Gemeinschaften Felder in einem relativ offenen System bewirtschafteten, setzte sich mit der europäischen Besiedlung eine intensivere Landwirtschaft mit größeren, homogeneren Flächen durch. Zudem führten neue Anbaumethoden und der verstärkte Einsatz von Schutzmaßnahmen dazu, dass Wildtiere schwerer an die Feldfrüchte gelangten. Dies könnte dazu geführt haben, dass Vögel, die sich auf Mais spezialisiert hatten, diese alternative Nahrungsquelle verloren und wieder stärker auf Waldprodukte angewiesen waren. Dies würde erklären, warum sie letztlich so stark von Habitatverlusten betroffen waren.

DIREKT UND INDIREKT

Der Rückgang der Wandertaube war zwar schleichend, aber unaufhaltsam. Noch um 1860 wurden riesige Schwärme gesichtet, doch bereits in den 1870er-Jahren wurden diese seltener. Die Kombination aus industrieller Jagd, Zerstörung der Nistplätze durch Holzeinschlag und Störungen durch den Eisenbahnbau führte zu einem drastischen Zusammenbruch der Population. Besonders verheerend war die Zerstörung großer Brutkolonien: Da die Wandertauben in massiven Gruppen nisteten, konnte ein einziger Angriff Tausende Vögel betreffen. Jäger töteten Millionen in kurzer Zeit, oft sogar die Jungvögel in den Nestern. Gleichzeitig führte die Abholzung der Wälder zum Verlust der natürlichen Nahrungsquellen, vor allem von Eicheln und Bucheckern.

Mit der Dezimierung der großen Schwärme ging auch ein wichtiges soziales Element verloren: Wandertauben waren Schwarmvögel, die für die Nahrungssuche und Fortpflanzung auf große Gruppen angewiesen waren. Sobald die Schwärme eine kritische Größe unterschritten, brach das soziale Gefüge zusammen – die Fortpflanzung scheiterte zunehmend.

FLEXIBEL ZU SEIN, REICHT NICHT

Die Geschichte der Wandertaube ist ein lehrreiches Beispiel dafür, wie eng Tierarten an ihre Umwelt angepasst sind – und wie menschliche Eingriffe unvorhersehbare Konsequenzen haben können. Die neuen archäologischen und genetischen Daten legen nahe, dass die Wandertaube flexibler war, als bislang angenommen, aber am Ende konnte sie doch den massiven Veränderungen ihrer Umwelt nicht entkommen.

Diese Erkenntnisse sind nicht nur für Historiker und Biologen von Bedeutung, sondern auch für den modernen Artenschutz. Sie zeigen, dass die Fähigkeit zur Ernährungsanpassung ein entscheidender Faktor für das Überleben einer Art sein kann. Vielleicht liegt in diesen Erkenntnissen auch eine Warnung für heutige Wildtiere, die sich zunehmend an menschlich geprägte Landschaften anpassen müssen. Das Gleichgewicht zwischen Mensch und Natur ist fragil und ökologische Gefüge sind komplex. Das führt dazu, dass unser Handeln oft weitreichende Folgen hat.

STECKBRIEF

Wandertaube
Ectopistes migratorius

Körperlänge	35 bis 41 Zentimeter
Spannweite	48 bis 58 Zentimeter
Gewicht	255 bis 340 Gramm
Nahrung	Eicheln, Bucheckern, Beeren, Getreide
Lebensraum	Laubwälder
Brutzeit/ Jungenaufzucht	April bis Juni, 1 Ei, Brutdauer 12 bis 14 Tage, flügge nach 16 bis 19 Tagen
Zug	Teilstreckenzieher
Höchstalter	Bis zu 29 Jahre
Status	Ausgestorben

FOTO: INES39 / STOCK.ADOBE.COM

LITERATUR

Greenberg, J. (2014): A Feathered River Across the Sky: The Passenger Pigeon's Flight to Extinction. Bloomsbury Publishing

Bucher, E. H. (1992): The causes of extinction of the Passenger Pigeon. Current Ornithology, 9, 1–36

Pfeiffer, M., Jackson, A. et al. (2024): Isotopic evidence for maize consumption in precontact passenger pigeons. (PNAS), 121(3)

Hung, C.-M. et al. (2014): Drastic population fluctuations explain the rapid extinction of the passenger pigeon. Proceedings of the National Academy of Sciences, 111 (29), 10636–10641

Novak, B. J. et al. (2021): Genetic evidence of dietary adaptations in the extinct passenger pigeon. Molecular Biology and Evolution, 38 (2), 787–798

WER IST DAS?

DIE AUFLÖSUNG FINDEN SIE UNTEN

FOTO: STEFAN PFÜTZKE

FOTO: DR. ACHIM ZEDLER

FOTO: DR. ACHIM ZEDLER

FOTO: STEFAN PFÜTZKE

FOTO: DR. ACHIM ZEDLER

Rätselvögel: 1 Türkentauben 2 Hohltaube 3 Türkentaube 4 Ringeltaube juvenil 5 Turteltauben

Beste Aussichten...
Nikon
Nikon Stabilized 10x25 S
Nikon Stabilized 12x25 S
FOTO ERHARDT
www.foto-erhardt.de
Aurich | Bremen | Cloppenburg | Darmstadt | Dülmen | Essen | Hildesheim | Ibbenbüren | München | Münster | Osnabrück | Vechta | Westerkappeln | Worms

IMPRESSUM

HERAUSGEBER
AULA-Verlag GmbH
Industriepark 3, 56291 Wiebelsheim
Telefon +49 (0)6766 903-141, **Fax** -320
E-Mail redaktion@voegel-magazin.de
News www.voegel-magazin.de

GESCHÄFTSFÜHRER
Gerhard Stahl, Marcus Läkemäker

WIRTSCHAFTLICH BETEILIGTE
Quelle & Meyer Verlag GmbH & Co.

REDAKTION
Dr. Nina Krüger (v.i.S.d.P.), Sylvia Koch

REDAKTIONSASSISTENZ
Fabian Kaschinski
Telefon +49 (0)6766 903-212
E-Mail kaschinski@limpert.de

FACHREDAKTION
Dr. Stefan Bosch, Dr. Gerold Dobler, Prof. Dr. Martin Kraft, Stefan Pfützke, Dr. Achim Zedler

WEITERE MITARBEIT UND BERATUNG
Prof. Dr. Roland Prinzinger, Dr. Daniel Lingenhöhl (Nachrichten), Mike Alibone (Optik)

PRODUKTIONSLEITUNG
Rolf Heisler
E-Mail heisler@aula-verlag.de

LAYOUT/GRAFIKEN
Rolf Heisler, Denis Busch, Elena Laarmann

ANZEIGEN
Fabian Kaschinski
Telefon +49 (0)6766 903-212
E-Mail anzeigen@voegel-magazin.de

LESERSERVICE Britta Fellenzer, Abobestellungen, Adressänderungen
Telefon +49 (0)6766 903-206
E-Mail aboverwaltung@humanitas-book.de

BÜCHER- UND MAGAZINBESTELLUNGEN
Telefon +49 (0)6766 903-206
E-Mail vertrieb@aula-verlag.de

VÖGEL-SONDERHEFT EINZELPREIS
Deutschland 14,95 Euro, Eurozone 15,40 Euro, Schweiz 23,95 Schweizer Franken

ABONNEMENTPREIS
Sechs Ausgaben 45,00 Euro zzgl. Porto

VERTRIEB, GROSSO, BAHNHOFSBUCHHANDEL
IPS Pressevertrieb GmbH, Carl-Zeiss-Straße 5, 53340 Meckenheim
www.ips-d.de

DRUCK
Dierichs Druck+Media GmbH & Co. KG
Frankfurter Straße 168, 34121 Kassel

ERSCHEINUNGSWEISE Alle zwei Monate
ISSN 1862-8397